BIM 技术应用与培训系列教材

Revit MEP 建模基础及应用

华筑建筑科学研究院　组织编写

中国建筑工业出版社

图书在版编目(CIP)数据

Revit MEP建模基础及应用/华筑建筑科学研究院组织编写. —北京：中国建筑工业出版社，2016.10
BIM技术应用与培训系列教材
ISBN 978-7-112-20061-0

Ⅰ.①R… Ⅱ.①华… Ⅲ.①建筑设计-计算机辅助设计-应用软件-技术培训-教材 Ⅳ.①TU201.4

中国版本图书馆CIP数据核字(2016)第263886号

Revit MEP通过智能化的设计来优化建筑设备与管道专业工程，是一款能够按照工程师的思维方式工作的智能设计工具。强大的可视化功能使设计师更好地推敲空间及发现设计的不足与错误，此外，它还能为工程师提供更佳的决策参考和建筑性能分析，促进可持续性设计。

本书对软件的基本功能进行了介绍，同时结合案例讲解了软件在设计过程中的具体应用。全书包括6章，分别为绪论、暖通功能及案例讲解、水系统的创建、电气系统的绘制、工程量统计和机电项目样板建立。本书可以作为各类设计企业、施工企业以及房地产开发企业等BIM设计基础应用用户的指导用书，也可以作为大中专院校相关专业的参考教材。

责任编辑：牛　松　田立平
责任设计：谷有稷
责任校对：陈晶晶　李欣慰

BIM技术应用与培训系列教材
Revit MEP建模基础及应用
华筑建筑科学研究院　组织编写
*
中国建筑工业出版社出版、发行（北京海淀三里河路9号）
各地新华书店、建筑书店经销
北京科地亚盟排版公司制版
北京建筑工业印刷厂印刷
*
开本：787×1092毫米　1/16　印张：6½　字数：161千字
2017年1月第一版　2020年2月第二次印刷
定价：**20.00**元
ISBN 978-7-112-20061-0
(29294)

《Revit MEP建模基础及应用》编写委员会

主　　编：张羽双

副 主 编：刘　爽　王维博

编写成员：连文强　段银川　樊宝锋　宋　超　杨　露　刘家成
杨　辉　于清扬　刁新宇　陆明燚

总 序

BIM 技术作为信息化技术的一种，正在逐步改变着人类的建筑观，深刻影响着工程建设行业的生产管理模式，对工程建设行业的重新布局起着至关重要的作用。BIM 技术的应用使工程项目管理在信息共享、协同合作、可视化管理、数字交付等方面变得更加成熟高效。

当前，我国的建筑业正面临着转型升级，BIM 技术会在这场变革中起到关键作用，成为工程建设领域实现技术创新的突破口。在住房和城乡建设部颁布的《2016～2020 年建筑业信息化发展纲要》和《关于推进建筑信息模型应用指导意见》以及各省市行业主管部门关于推广 BIM 技术应用的指导意见中均明确指出，在工程项目规划设计、施工建造以及运维管理过程中，要把推动建筑信息化建设作为行业发展的首要目标。这标志着我国工程项目建设已全面进入信息化时代，同时也进一步说明了在信息化时代谁先掌握了 BIM 技术，谁就会最先占领工程信息化建设领域的制高点。因此，普及和掌握 BIM 技术并推动其在工程建设领域的应用是实现建筑技术转型升级，提高建筑产业信息化水平，推进智慧城市建设的基础和根本，同样也是我们现代工程建设人员保持职业可持续发展的重要关切。

北京华筑建筑科学研究院是国内第一批专业从事 BIM 咨询、培训、研发和企业应用探索的研究机构。研究院由建设部原总工许溶烈先生任名誉院长，集结了一批用新理论、新方法、新材料来发展和改革建筑业面貌的一批有志之士，从 2008 年就开始在香港示范应用 BIM 技术。团队由北京工业大学、清华大学、同济大学等高校的 BIM 专家学者提供最前沿的技术指导，全心致力于研究和推广 BIM 技术在工程建设行业与计算机技术的融合应用，目标是为客户提供具有价值的共赢方案。

华筑 BIM 系列丛书是由北京华筑建筑科学研究院特邀国内相关行业专家、BIM 技术研究专家和 BIM 操作能手等组成 BIM 技术与技能培训教材编委会，针对 BIM 技术应用组织编写的。该系列丛书主要包含三个方面：一是介绍相关 BIM 建模软件工具的使用功能和建模关键技术；二是介绍 BIM 技术在建筑全生命周期中的应用分析与业务流程；三是阐述 BIM 技术在项目管理各阶段的协同应用。

本套丛书是华筑 BIM 系列丛书之一，主要从 BIM 建模技术操作层面进行讲解，详细介绍了相关 BIM 建模软件工具的使用功能和在工程项目各阶段、各环节和各系统建模的关键技术。包含四个分册：《Revit Architecture 建模基础及应用》；《Revit MEP 建模基础及应用》、《Magicad 基础及应用》和《Navisworks 基础及应用》。丛书完全按实际工作流程编写，可以作为各类设计企业、施工企业以及开发企业等希望了解和快速掌握 BIM 设计基础应用用户的指导用书，也可以作为大中专院校相关专业的参考教材。

最后，感谢参加丛书编写的各位编委们在极其繁忙的工作中抽出时间撰写书稿所付出的大量工作，以及感谢社会各界朋友对丛书的出版给予的大力支持。书中难免有疏漏之处，恳请广大读者批评指正。

华筑 BIM 系列丛书编委会主任
赵雪锋
2016 年 8 月 1 日于北京比目鱼创业园

目 录

第1章　绪　　论

1.1　Revit MEP软件的优势

建筑信息模型（Building Information Model）是以三维数字技术为基础，集成了建筑工程项目各种相关信息的工程数据模型。BIM是一种技术、一种方法、一种过程，BIM把建筑业业务流程和表达建筑物本身的信息更好地集成起来，从而提高整个行业的效率。

随着以Autodesk Revit为代表的三维建筑信息模型（BIM）软件在国外发达国家的普及应用，国内先进的建筑设计团队也纷纷成立BIM技术小组，应用Revit进行三维建筑设计。

Revit MEP软件是一款智能的设计和制图工具，Revit MEP可以创建面向建筑设备及管道工程的建筑信息模型。使用Revit MEP软件进行水暖电专业设计和建模，主要有以下优势：

1.1.1　智能设计

Revit MEP软件借助真实管线进行准确建模，可以实现智能、直观的设计流程。Revit MEP采用整体设计理念，从整座建筑物的角度来处理信息，将给水排水、暖通和电气系统与建筑模型关联起来，为工程师提供更佳的决策参考和建筑性能分析。借助它，工程师可以优化建筑设备及管道系统的设计，进行更好的建筑性能分析，充分发挥BIM的竞争优势，促进可持续性设计。

同时，利用Revit与建筑师和其他工程师协同，还可即时获得来自建筑信息模型的设计反馈，实现数据驱动设计所带来的巨大优势，轻松跟踪项目的范围、进度和工程量统计、造价分析。

1.1.2　借助参数化变更管理

利用Revit MEP软件完成建筑信息模型，最大限度地提高基于Revit的建筑工程设计和制图的效率。它能够最大限度地减少设备专业设计团队之间，以及与建筑师和结构工程师之间的协作。通过实时的可视化功能，改善客户沟通并更快做出决策。Revit MEP软件建立的管线综合模型可以与由Revit Architecture软件或Revit Structure软件建立的建筑结构模型展开无缝协作。在模型的任何一处进行变更，Revit MEP可在整个设计和文档集中自动更新所有相关内容。

1.1.3　改善沟通，提升业绩

设计师可以通过创建逼真的建筑设备及管道系统示意图，改善与甲方的设计意图沟通。通过使用建筑信息模型，自动交换工程设计数据，从中受益。及早发现错误，避免让错误进入现场并造成代价高昂的现场设计返工。借助全面的建筑设备及管道工程解决方案，最大限度地简化应用软件管理。

1.2 工作界面介绍与基本工具应用

与以往版本的 Revit 软件相比，新版 Revit MEP 的界面变化很大。界面变化的主要目的是为更好地适应用户的工作方式。例如，功能区有三种显示设置，用户可以自由选择；还可以同时显示若干个项目视图，或按层次放置视图以仅看到最上面的视图（如图 1-1 所示）。

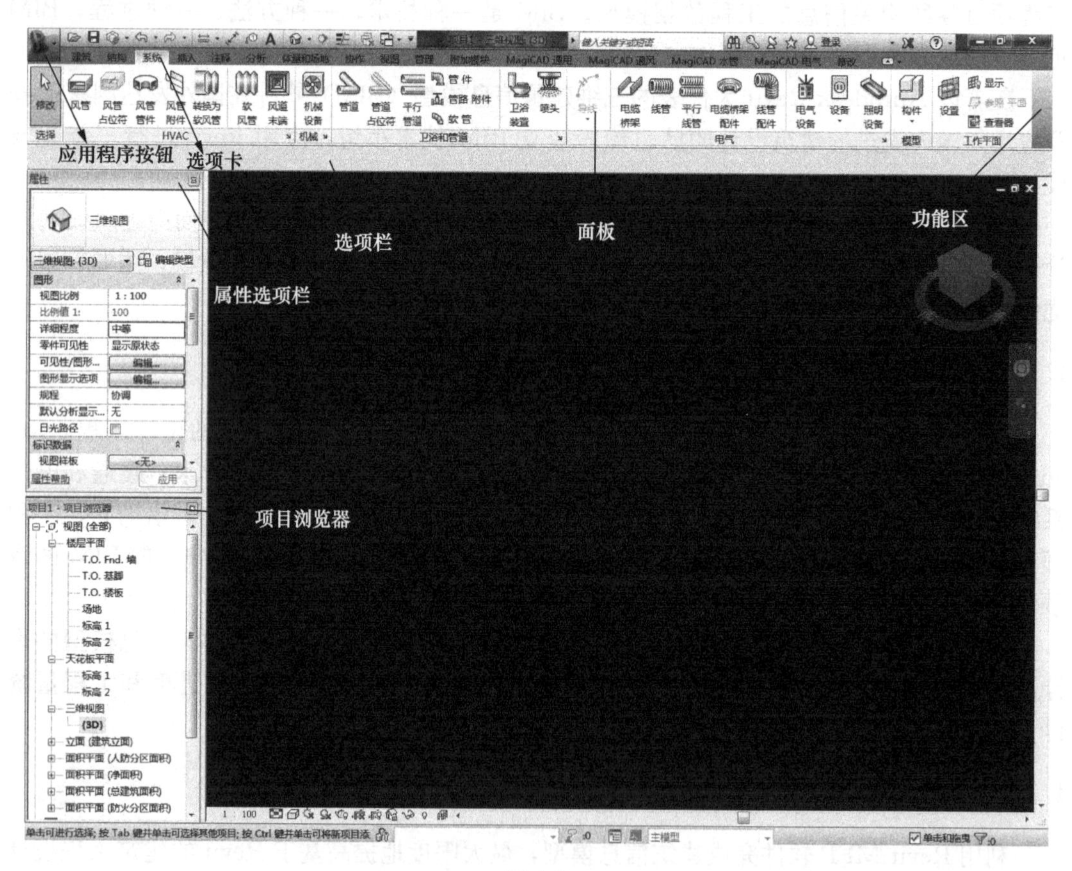

图 1-1

1.2.1 快速访问工具栏

单击快速访问工具栏后的向下箭头■将弹出下拉菜单，如图 1-2（*a*）所示，可以控制快速访问工具栏中按钮的显示与否。若要向快速访问工具栏中添加功能区的按钮，在功能区的按钮上单击鼠标右键，然后单击“添加到快速访问工具栏”，如图 1-2（*b*）所示，功能区按钮将会添加到快速访问工具栏中默认命令的右侧，如图 1-2（*c*）所示。

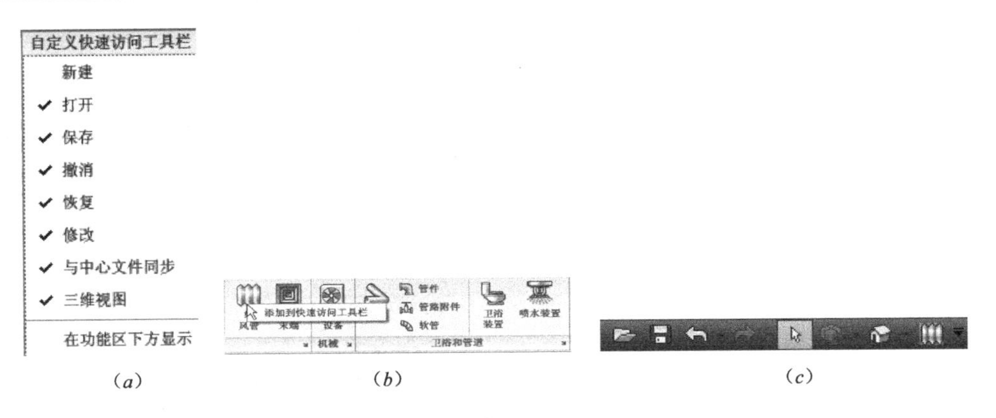

(a) (b) (c)

图 1-2

1.2.2 功能区三种类型的按钮

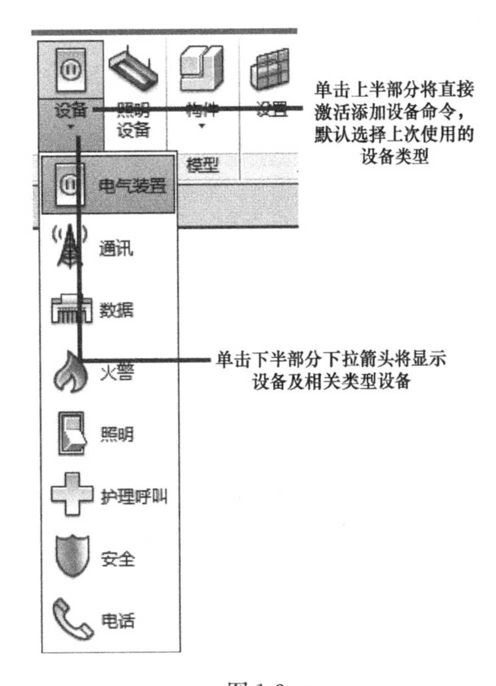

图 1-3

普通按钮：如 风管附件 按钮，单击可调用工具。

下拉按钮：如 机械 按钮，左键单击小箭头用来显示附加的相关工具。

分割按钮：调用常用的工具，或显示包含附加相关工具的菜单。

【提示】如果看到按钮上有一条线将按钮分割为 2 个区域，单击上部（或左侧）可以访问通常最常用的工具。单击另一侧可显示相关工具的列表（如图 1-3 所示）。

1.2.3 上下文功能区选项卡

激活某些工具或者选择图元时，会自动增加并切换到一个“上下文功能区选项卡”，其中包含一组只与该工具或图元相关的上下文工具。

例如，单击“风管”工具时，将显示“放置风管”的上下文选项卡，其中显示三个面板：

(1) 选择：包含“修改”工具。

(2) 图元：包含“图元属性”和“类型选择器”。

(3) 放置工具：包含放置风管所必需的绘图工具。

(4) 退出该工具时，上下文功能区选项卡即会关闭（如图 1-4 所示）。

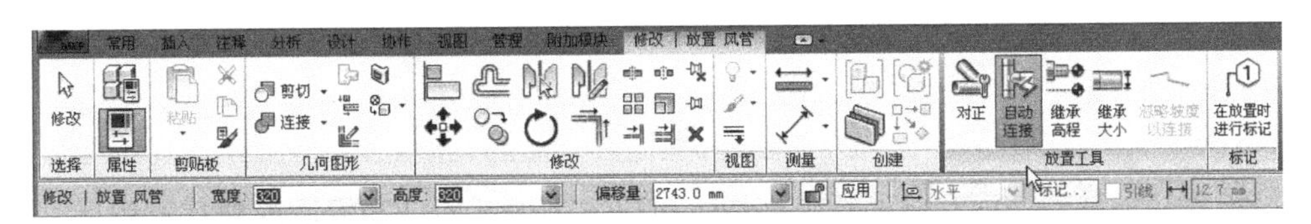

图 1-4

1.2.4 全导航控制盘

将查看对象控制盘和巡视建筑控制盘上的三维导航工具组合到一起。用户可以查看各个对象以及围绕模型进行漫游和导航。全导航控制盘和全导航控制盘（小）经优化适合有经验的三维用户使用（如图 1-5 所示）。

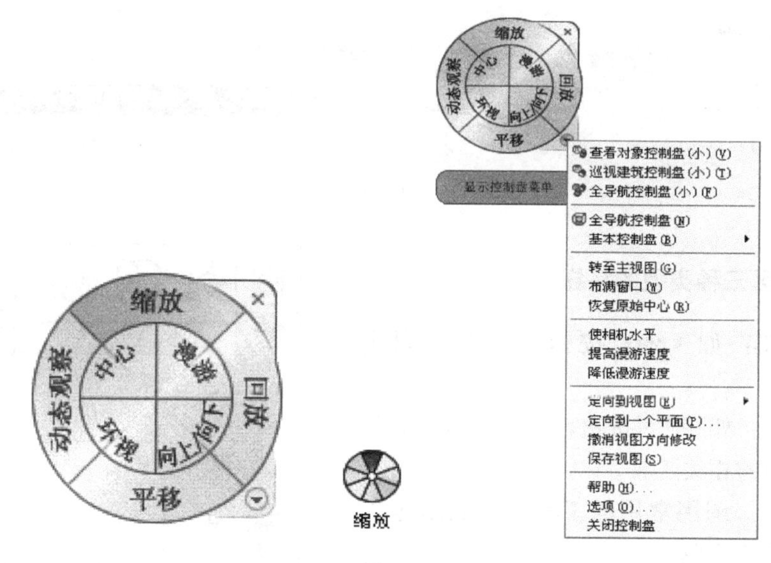

图 1-5

【注意】 显示其中一个全导航控制盘时，按住鼠标中键可进行平移，滚动鼠标滚轮可进行放大和缩小，同时按住“Shift”键和鼠标中键可对模型进行动态观察。

（1）切换到全导航控制盘。

（2）在控制盘上单击鼠标右键，然后单击“全导航控制盘”。

（3）切换到全导航控制盘（小）。

（4）在控制盘上单击鼠标右键，然后单击“全导航控制盘（小）”。

1.2.5 ViewCube

ViewCube 是一个三维导航工具，可指示模型的当前方向，并让您调整视点（如图 1-6 所示）。

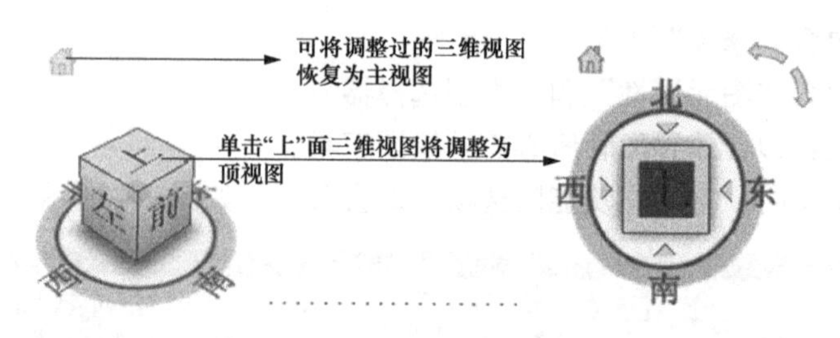

图 1-6

主视图是随模型一同存储的特殊视图，可以方便地返回已知视图或熟悉的视图，将模型的任何视图定义为主视图。

在 ViewCube 上单击鼠标右键，然后单击“将当前视图设定为主视图”。

1.2.6　视图控制栏

位于 Revit 窗口底部的状态栏上方 1 : 100 。通过它，可以快速访问影响绘图区域的功能，视图控制栏工具从左向右依次是：

（1）比例尺。

（2）详细程度：单击可选择粗略、中等和精细视图。

（3）模型图形样式：单击可选择线框、隐藏线、着色和带边框着色 4 种模式。

（4）打开/关闭阴影。

（5）显示/隐藏渲染对话框，仅当绘图区域显示三维视图时才可用。

（6）打开/关闭裁剪区域。

（7）显示/隐藏裁剪区域。

（8）临时隐藏/隔离。

（9）显示隐藏的图元。

1.2.7　基本工具的应用

1. 图元的编辑工具

常规的编辑命令适用于软件的整个绘图过程中，如移动、复制、旋转、阵列、镜像、对齐、拆分、修剪、偏移等编辑命令（如图 1-7 所示），下面主要通过管道的编辑来详细介绍。

图 1-7

单击“修改管道”选项卡，“修改”面板下的编辑命令：

（1）移动：用于将选定的图元移动到当前视图中指定的位置。点击移动按钮，选项栏如下：

修改｜墙　□约束　□分开　□多个

约束选项：限制管道只能在水平和垂直方向移动。

分开选项：选择分开，管道与其相关的构件不同时移动。

（2）复制：用于复制选定图元并将它们放置在当前视图指定的位置。勾选选项栏 修改｜墙　□约束　□分开　□多个 选项，拾取复制的参考点和目标点，可复制多个管道到新的位置。

（3）旋转：拖拽“中心点”可改变旋转的中心位置。鼠标拾取旋转参照位置和目标位置，旋转管道。也可以在选项栏设置旋转角度值后回车旋转管道 修改｜墙　□分开　□复制　角度：　旋转中心：地点　默认 （注意勾选“复制”会在旋转的同时复制一个新的管道的副本，原管道保留在原位置）。

（4）镜像：单击“修改”面板，“镜像”下拉箭头，选择“拾取镜像轴”或“绘制镜像轴”镜像图元。

（5）阵列：选择图元，单击“阵列”工具，在选项栏中进行相应设置，去选“成组并关联”的选项，输入阵列的数量，例如“2”，选择“移动到”选项中的“第二个”，在视图中拾取参考点和目标点位置，两者间距将作为第一个管道和第二个或最后一个管道的间距值，自动阵列管道（如图 1-8 所示）。

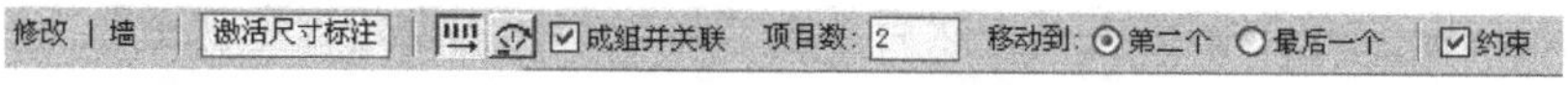

修改 | 墙　激活尺寸标注　☑成组并关联　项目数: 2　移动到: ⊙第二个 ○最后一个　☑约束

图 1-8

（6）缩放：选择图元，单击“缩放”工具，选项栏 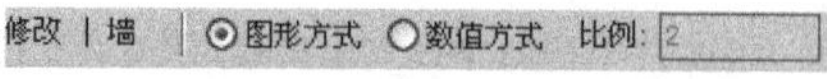 修改 | 墙　⊙图形方式 ○数值方式　比例: 2 选择缩放方式，“图形方式”单击整道墙体的起点、终点，以此作为缩放的参照距离，再单击图元新的终点，确认缩放后的大小距离，“数值方式”直接缩放比例数值，鼠标单击绘图区域完成修改。管道不可以缩放。

2. 窗口管理工具

窗口管理工具包含：切换窗口、关闭隐藏对象、复制、层叠、平铺和用户界面（如图 1-9 所示）。

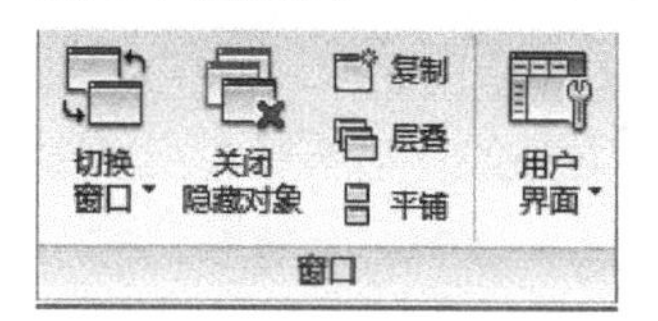

图 1-9

窗口切换：绘图时打开多个窗口，通过“窗口”面板上“窗口切换”命令选择绘图所需窗口（也可使用“Ctrl＋Tab”键进行切换）。

关闭隐藏对象：自动隐藏当前没有在绘图区域上使用的窗口。

复制：单击命令复制当前窗口。

层叠：单击命令使当前打开的所有窗口层叠地出现在绘图区域（如图 1-10 所示）。

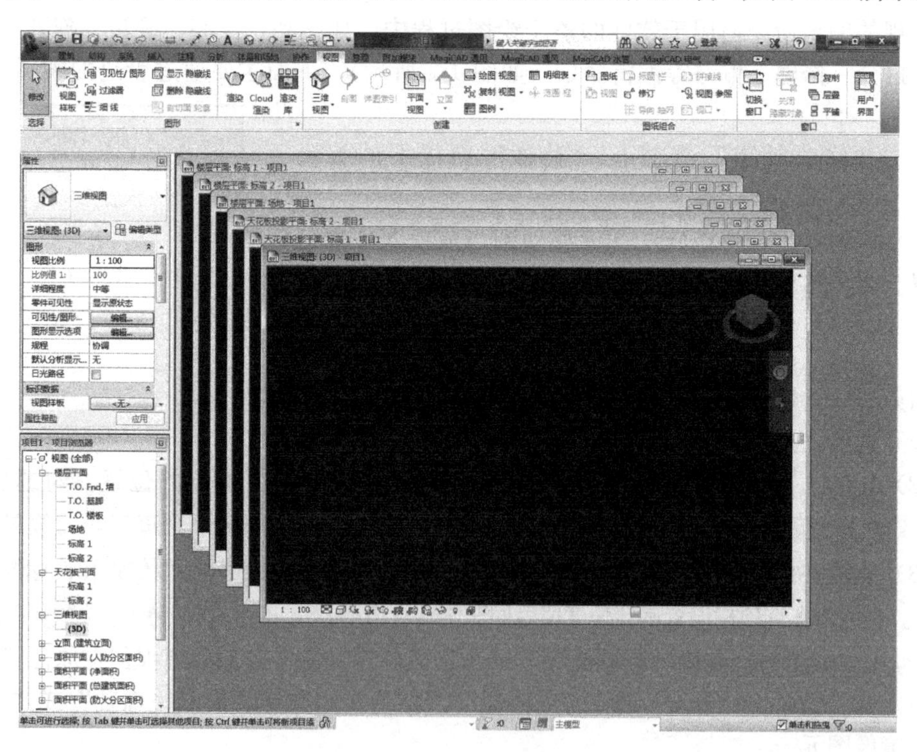

图 1-10

平铺：单击命令使当前打开的所有窗口平铺在绘图区域（如图 1-11 所示）。

用户界面：点击下拉菜单控制 ViewCube、导航栏、系统浏览器、状态栏和最近使用的文件各按钮的显示与否。浏览器组织控制浏览器中的组织分类和显示种类（如图 1-12

所示）。

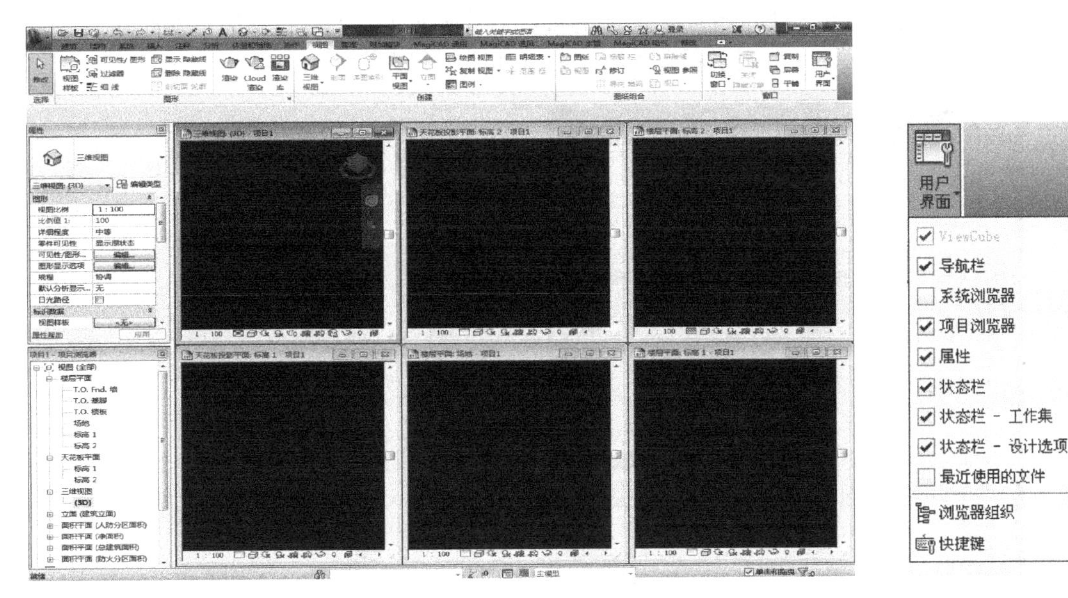

图 1-11

图 1-12

1.3　Revit MEP 三维设计制图的基本原理

在 Revit MEP 里，每一个平面、立面、剖面、透视、轴测、明细表都是一个视图。它们的显示都是由各自视图的视图属性控制，且不影响其他视图。这些显示包括可见性、线型线宽、颜色等控制。

作为一款参数化的三维 MEP 设计软件，在 Revit MEP 里，如何通过创建三维模型并进行相关项目设置，从而获得用户所需要的符合设计要求的相关平立剖面大样详图等图纸，用户就需要了解 Revit MEP 三维设计制图的基本原理。

1.3.1　平面图的生成

1. 详细程度

（1）由于在建筑设计的图纸表达要求里，不同比例图纸的视图表达的要求也不相同，所以我们需要对视图进行详细程度的设置。

（2）在楼层平面中右键单击“视图属性”，在弹出的“实例属性”对话框中单击“详细程度”后下拉箭头可选择“粗略”、“中等”或“精细”的详细程度。

（3）通过预定义详细程度，可以影响不同视图比例下同一几何图形的显示（如图 1-13 所示）。

（4）墙、楼板和屋顶的复合结构以中等和精细详细程度显示，即详细程度为“粗略”时不显示结构层。

（5）族几何图形随详细程度的变化而变化，此项可在族中自行设置。

（6）各构件随详细程度的变化而变化。以粗略程度显示时，它会显示为线；以中等和精细程度显示时，它会显示更多几何图形。

(7) 除上述方法外，还可直接在视图平面处于激活的状态下，在视图控制栏中直接进行调整详细程度，此方法适用于所有类型视图（如图 1-14 所示）。

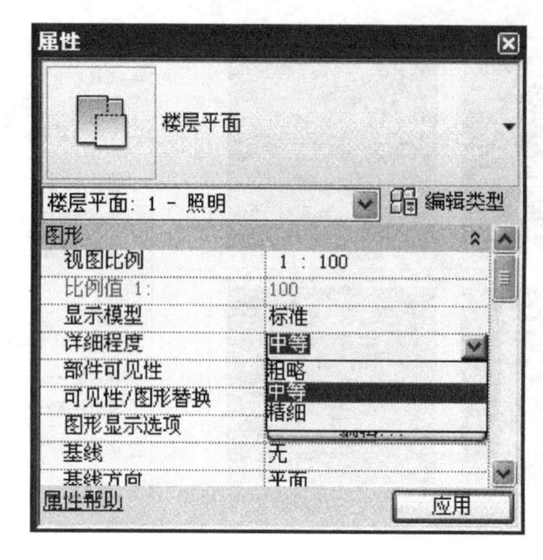

图 1-13

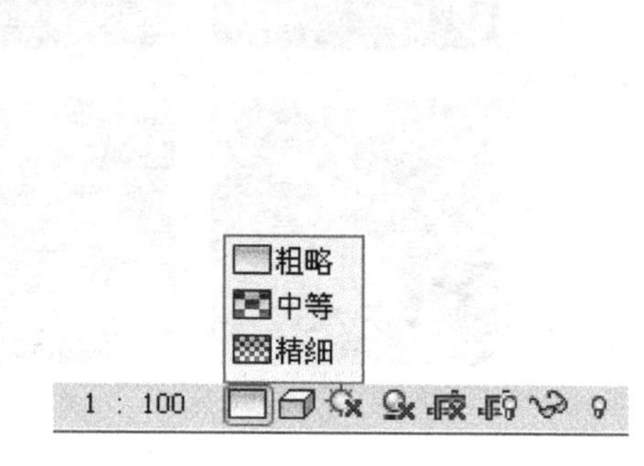

图 1-14

2. 可见性图形替换

(1) 在建筑设计的图纸表达中，我们常常要控制不同对象的视图显示与可见性，用户可以通过“可见性/图形替换”的设置来实现上述要求。

(2) 打开楼层平面的“视图属性”对话框，单击“可见性/图形替换”后的编辑按钮，打开“可见性/图形替换”对话框（如图 1-15 所示）。

(3) 从“可见性/图形替换”对话框中，可以查看已应用于某个类别的替换。如果已经替换了某个类别的图形显示，单元格会显示图形预览。如果没有对任何类别进行替换，单元格会显示为空白，图元则按照“对象样式”对话框中的指定显示。

(4) 图元的投影/表面线和截面填充图案的替换，并能调整它是否半色调、是否透明及详细程度的调整，在可见性中构件前打勾为可见，取消为隐藏不可见状态（如图 1-15 所示）。

(5) 注释类别选项卡里同样可以控制注释构件的可见性，可以调整投影/表面的线及填充样式及是否半色调显示构件。

(6) 导入的类别设置，控制导入对象的可见性及投影/截面的线及填充样式及是否半色调显示构件。

3. 过滤器的创建

可以通过应用过滤器工具，设置过滤器规则，选取所需要的构件。

(1) 单击“视图”选项卡→“图形”面板→“过滤器”。

(2) 在“过滤器”对话框中，单击 (新建)，或选择现有过滤器，然后单击 (复制)。

(3) 在“类别”下，选择所要包含在过滤中的一个或多个类别，如“喷水装置”。

(4) 在“过滤器规则”下，设置过滤条件的参数，如“族名称”（如图 1-16 所示）。

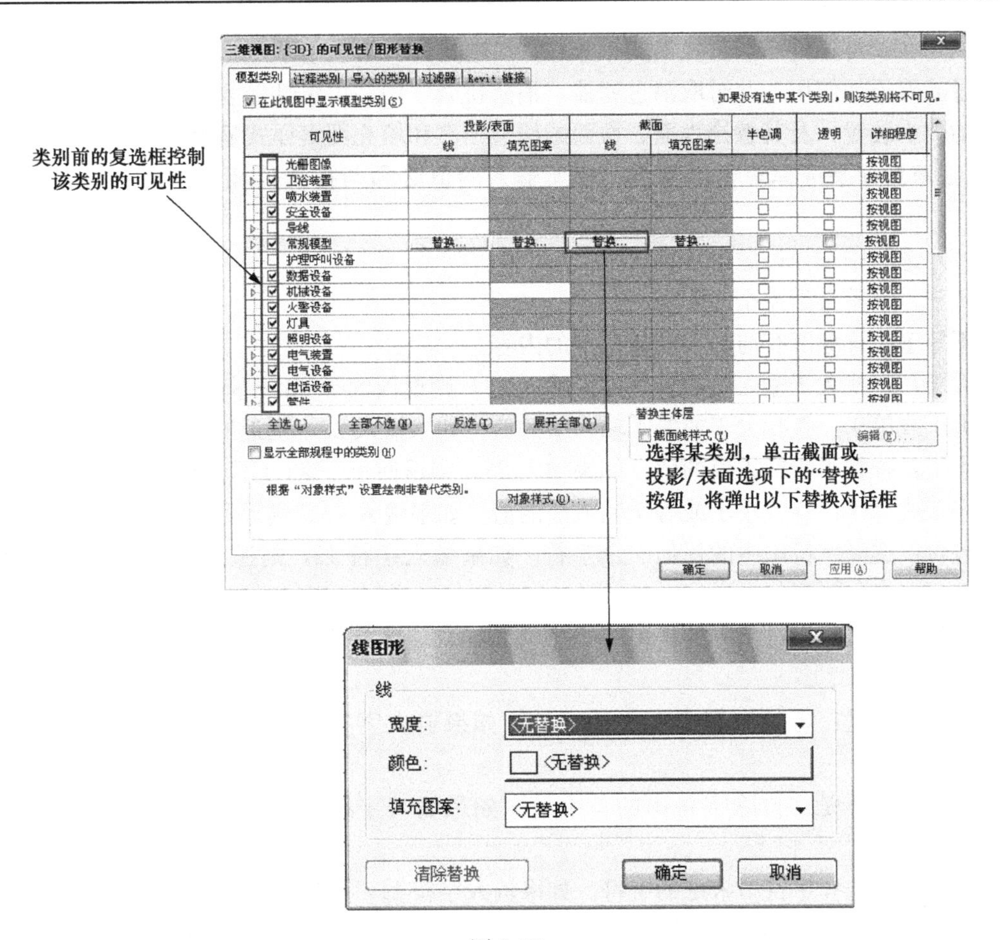

图 1-15

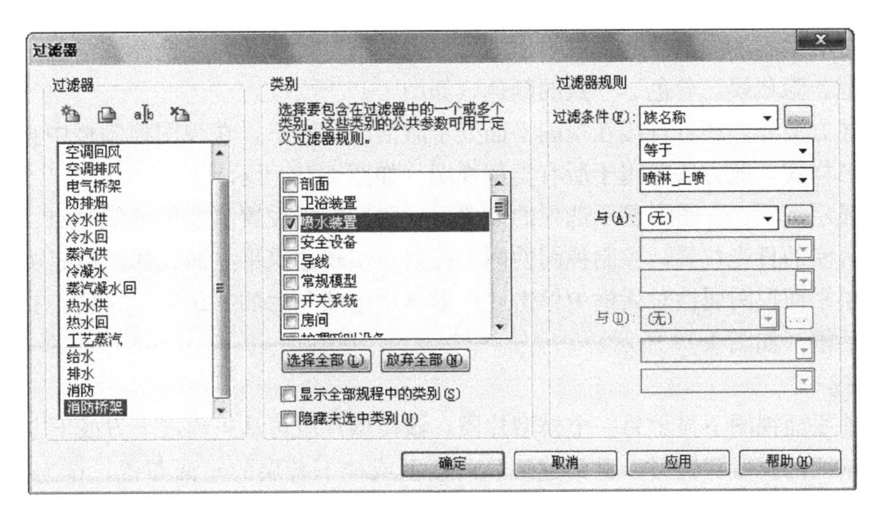

图 1-16

（5）从下列选项中选择过滤器运算符如“等于”：

为过滤器输入一个值，“喷淋 _ 上喷”即所有族名称是“喷淋 _ 上喷”的喷水装置，单击“确定”退出对话框。

(6) 在“可见性图形替换”对话框中，“过滤器”选项卡下点击“添加”将已经设置好的过滤器添加使用，此时取消过滤器“消防桥架”的“可见性”复选框，可以隐藏符合条件的喷水装置，及其替换表面、截面的线型图案和填充图案样式显示。

【注意】如果选择等于运算符，则所输入的值必须与搜索值相匹配，此搜索区分大小写。

(7) 选项中选择过滤器运算符

等于：字符必须完全匹配。

不等于：排除所有与输入的值匹配的内容。

大于：查找大于输入值的值。如果输入 23，则返回大于 23（不含 23）的值。

大于或等于：查找大于或等于输入值的值。如果输入 23，则返回 23 及大于 23 的值。

小于：查找小于输入值的值。如果输入 23，则返回小于 23（不含 23）的值。

小于或等于：查找小于或等于输入值的值。如果输入 23，则返回 23 及小于 23 的值。

包含：选择字符串中的任何一个字符。如果输入字符 H，则返回包含字符 H 的所有属性。

不包含：排除字符串中的任何一个字符。如果输入字符 H，则排除包含字母 H 的所有属性。

开始部分是：选择字符串开头的字符。如果输入字符 H，则返回以 H 开头的所有属性。

开始部分不是：排除字符串的首字符。如果输入字符 H，则排除以 H 开头的所有属性。

末尾是：选择字符串末尾的字符。如果输入字符 H，则返回以 H 结尾的所有属性。

结尾不是：排除字符串末尾的字符。如果输入字符 H，则排除以 H 结尾的所有属性。

4. 图形显示样式

单击楼层平面视图属性对话框中“图形显示选项”后编辑，可选择图形显示曲面中的样式：线框、隐藏线、着色、一致的颜色（如图 1-17 所示）。

除上述方法外，还可直接在视图平面处于激活的状态下，在视图控制栏中直接进行调整模型图形样式，此方法适用于所有类型视图（如图 1-18 所示）。

图形显示选项：在图形显示选项的设置里，我们可以设置真实的建筑地点，设置虚拟的或者是真实的日光位置，控制视图的阴影投射，实现建筑平立面轮廓加粗等功能。

在楼层平面视图属性对话框中单击“图形显示选项”后的“编辑”按钮，打开“日光设置”对话框（如图 1-19 所示）。

5. 基线

在当前平面视图下显示另一个模型片段，该模型片段可从当前层上方或下方获取。

通过基线的设置我们可以看到建筑物内楼上或楼下各层的平面布置，作为设计参考。如需设置视图的“基线”，需在绘图区域中右键单击“视图属性”，打开楼层平面的“属性”面板（如图 1-20 所示）。

6. “范围”相关设置

楼层平面的“实例属性”对话框中的“范围”栏可对裁剪做相应设置（如图 1-21 所示）。

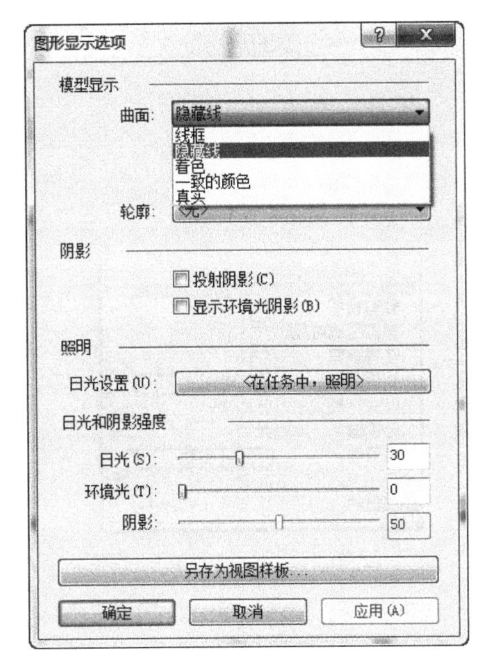

图 1-17

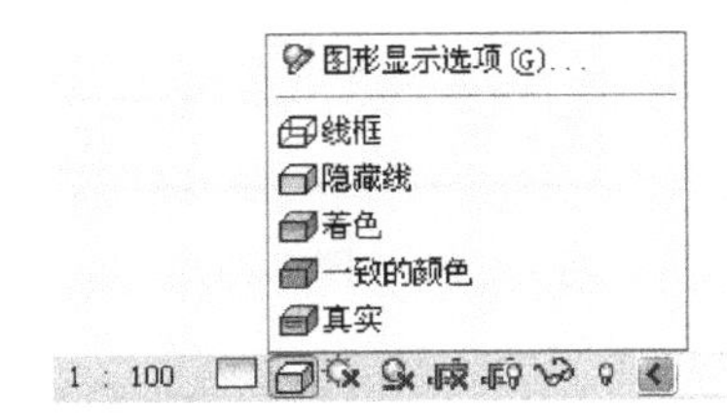

图 1-18

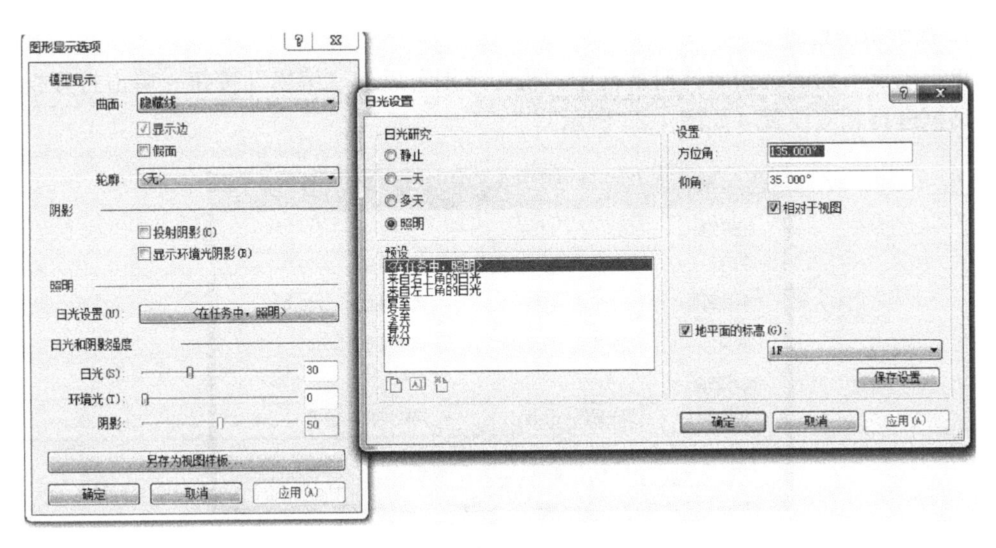

图 1-19

【注意】只有将裁剪视图打开在平面视图中，裁剪区域才会起效，如需调整在视图控制栏，同样可以控制裁剪区域的可见及裁剪视图的开启及关闭（如图 1-22 所示）。

裁剪视图：勾选该复选框即裁剪框有效，剪切框范围内的模型构建可见，裁剪框外的模型构件不可见，取消勾选该复选框则不论裁剪框是否可见均不裁剪任何构件。

裁剪区域可见：勾选该复选框即裁剪框可见，取消勾选该复选框则裁剪框将被隐藏。

【注意】两个选项均控制裁剪框，但不相互制约，裁剪区域可见或不可见均可设置有效或无效。

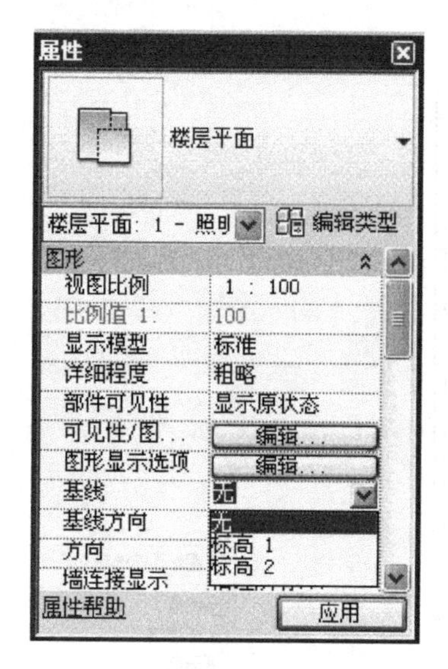

图 1-20

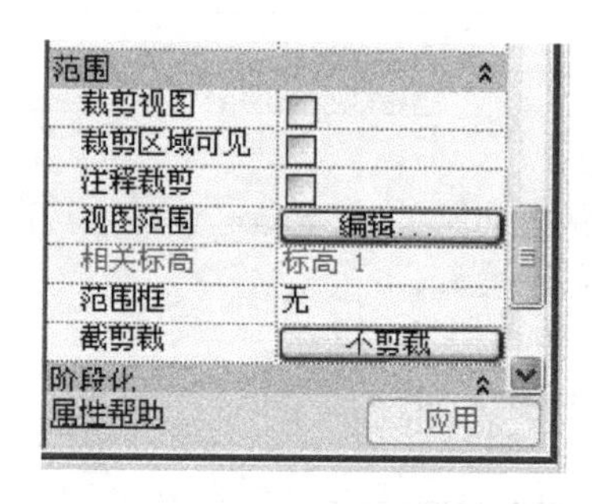

图 1-21

图 1-22

7. 视图范围设置

单击楼层平面的视图属性对话框中“视图范围”后的“编辑”按钮→单击打开视图范围对话框进行相应设置（如图 1-23 所示）。

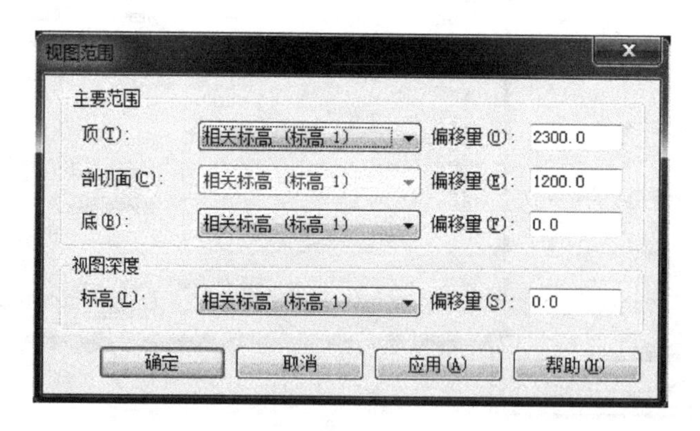

图 1-23

视图范围是可以控制视图中对象的可见性和外观的一组水平平面。水平平面为“顶部平面”、“剖切面”和“底部平面”。顶剪裁平面和底剪裁平面表示视图范围的最顶部和最底部的部分。剖切面是确定视图中某些图元可视剖切高度的平面。这三个平面可以定义视图范围的主要范围。

【注意】默认情况下，视图深度与底裁剪平面重合。

8. 默认视图样板的设置

进入楼层平面的视图属性对话框，找到“默认视图样板”项（如图 1-24 所示）。

在各视图的视图属性中指定“默认视图样板”后，可以在视图打印或导出之前，在

“项目浏览器”的图纸名称上右键单击“将默认视图样板应用到所有视图”，该图纸上所布置的视图将被默认视图样板中的设置所替代，而无须逐一视图调整。

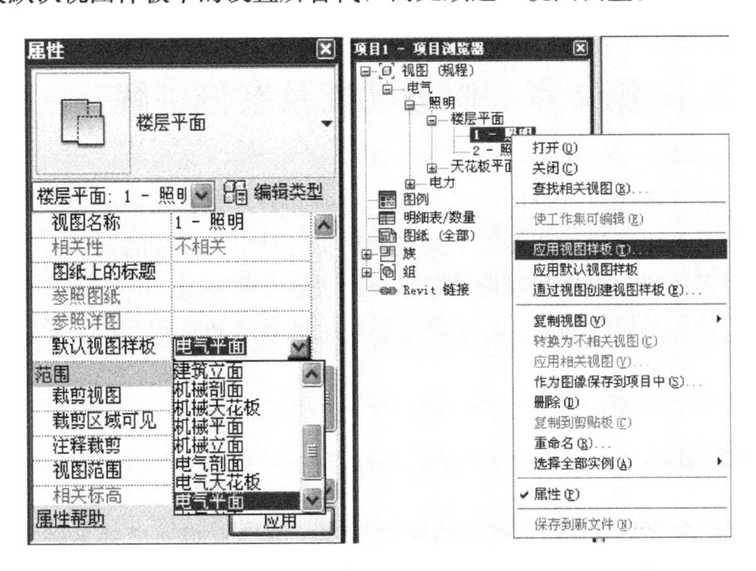

图 1-24

【注意】可在项目浏览器中按“Ctrl”键多选图纸名称，或先选择第一张图纸名称，然后按住“Shift”键选择最后一张图纸名称实现全选，右键单击“将默认视图样板应用到所有视图”，可一次性实现所有布置在图纸上的视图默认样板的应用（每个视图的默认样板可以不同）。

第 2 章　暖通功能及案例讲解

中央空调系统是现代建筑设计中必不可少的一部分，尤其是一些面积较大、人流较多的公共场所，更是需要高效、节能的中央空调来实现对空气环境的调节。

本章将通过案例“厚生楼暖通设计”来介绍暖通专业在 Revit MEP 中建模的方法，并讲解设置风系统的各种属性的方法，了解暖通系统的概念和基础知识，学会在 Revit MEP 中建模的方法。

2.1　风管功能

Revit Mep 具有强大的管路系统三维建模功能，可以直观地反映系统布局，实现所见即所得。如果在设计初期，根据设计要求对风管、管道等进行设置，可以提供设计准确性和效率。本节将介绍 Revit MEP 的风管功能以及基本设置。

2.1.1　风管设计参数

在绘制风管系统前，先设置风管设计参数：风管类型、风管尺寸以及风管系统。

1. 风管类型

单击功能区中“系统”选项卡→“风管”命令，通过绘图区域左侧的“属性”对话框选择和编辑风管的类型，如图 2-1 所示。Revit MEP 2013 提供的“Mechanical-Default _ CHSCHS. rte”和“Systems-Default _ CHSCHS. rte”项目样板文件中都默认配置了矩形风管、圆形风管及椭圆形风管，默认的风管类型跟风管连接方式有关。

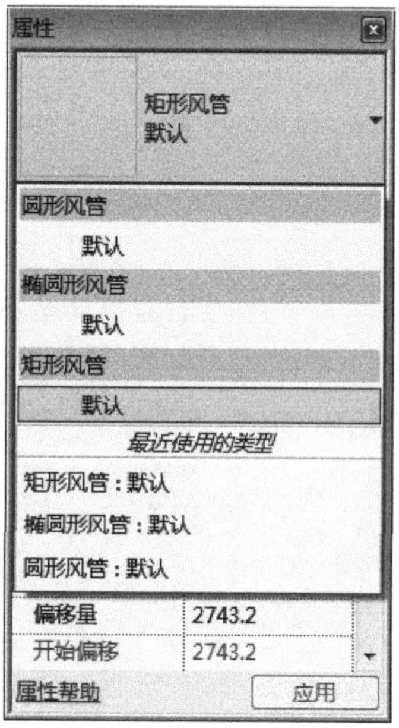

图 2-1

单击“编辑类型”，打开“类型属性”的布管系统配置对话框，可以对风管类型进行配置，如图 2-2 所示。

（1）使用“复制”命令，可以在根据已有风管类型添加新的风管类型。

（2）根据风管材料设置“粗糙度”，用于计算风管沿程阻力。

（3）通过在“管件”列表中配置各类型风管管件族，可以指定绘制风管时自动添加到风管管路中的管件。以下管件类型可以在绘制风管时自动添加到风管中：弯头、T 形三通、接头、四通、过渡件（变径）、多形状过渡件矩形到圆形（天圆地方）、多形状过渡件椭圆形到圆形（天圆地方）和活接头。不能在“管件”列表中选取的管件类型，需要手动添加到风管系统中，如 Y 形三通、斜四通等。

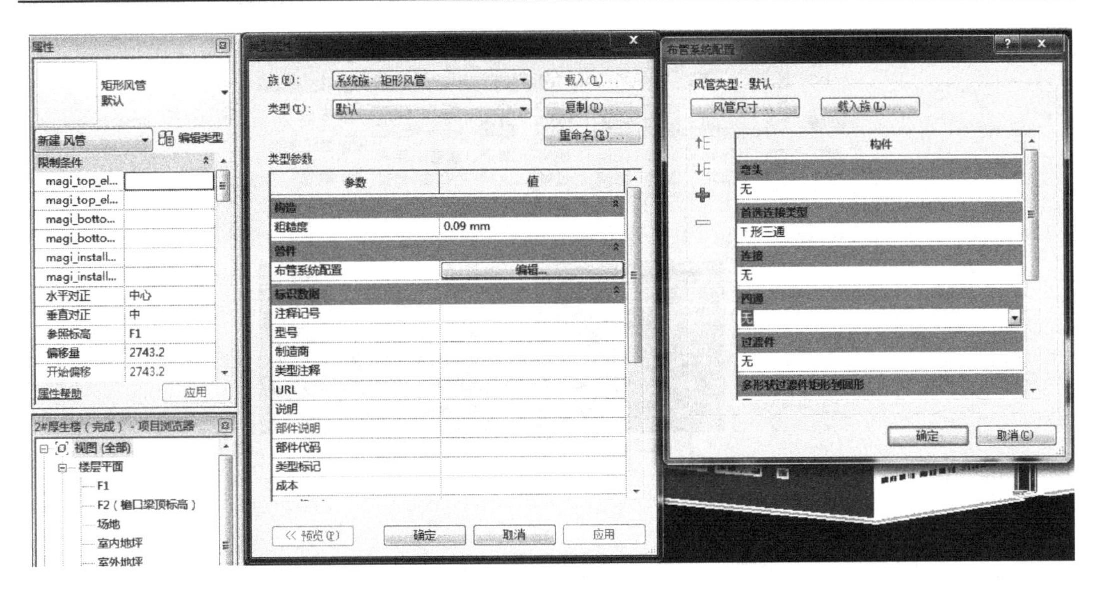

图 2-2

(4) 通过编辑“标识数据”中的参数为风管添加标识。

2. 风管尺寸

在 Revit MEP 中，通过“机械设置”对话框查看、添加、删除当前项目文件中的风管尺寸信息。

打开“机械设置”对话框有以下方式：

(1) 单击功能区中“管理”选项卡→“MEP 设置”下拉菜单→“机械设置”命令，如图 2-3 所示。

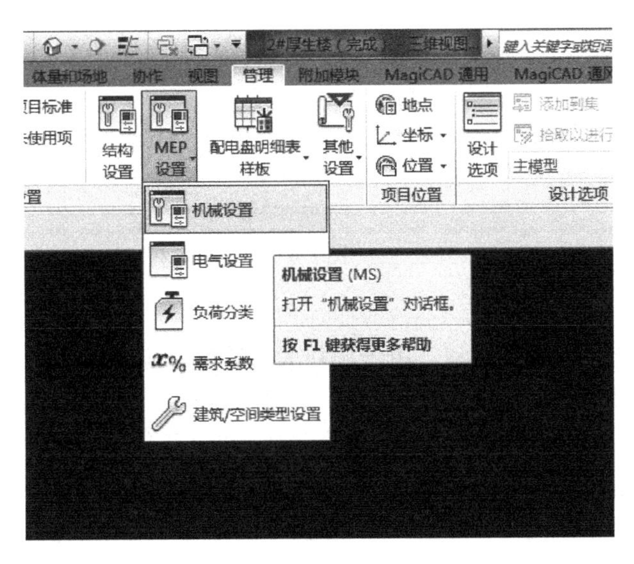

图 2-3

(2) 单击功能区中“常用”选项卡→“机械”，如图 2-4 所示。

(3) 直接键入 MS。

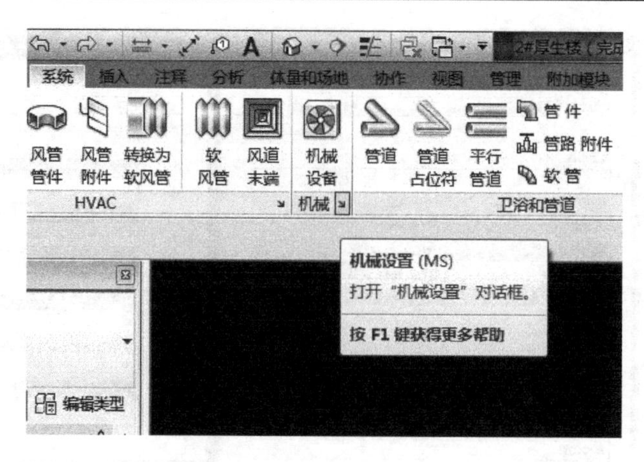

图 2-4

3. 添加/删除风管尺寸

打开“机械设置”对话框后，单击“矩形”/“椭圆形”/“圆形”可以分别定义对应形状的风管尺寸，如图 2-5 所示。单击“新建尺寸”或者“删除尺寸”按钮可以添加或删除风管的尺寸。如果在绘图区域已经绘制了某尺寸的风管，该尺寸在“机械设置”尺寸列表中将不能删除，需要先删除项目中的风管，才能删除“机械设置”尺寸列表中的尺寸。

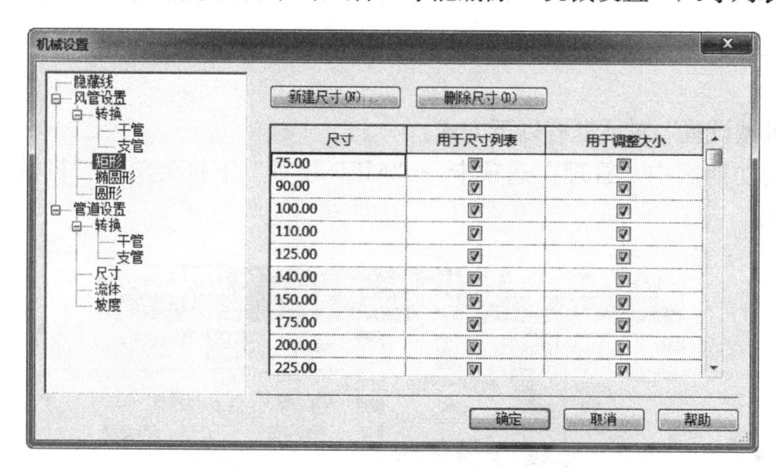

图 2-5

4. 尺寸应用

通过勾选“用于尺寸列表”和“用于调整大小”可以定义风管尺寸在项目中的应用。如果勾选某一风管尺寸的“用于尺寸列表”，该尺寸就可以被风管布局编辑器和“修改 | 放置风管”中风管尺寸下拉列表调用，在绘制风管时可以直接选择选项栏中“宽度”/“高度”/“直径”下拉列表中的尺寸，如图 2-6 所示。如果勾选某一风管尺寸的“用于调整大小”，该尺寸可以应用于软件提供的“调整风管/管道大小”功能。

5. 风管系统

Revit MEP2013 预定义了三种风管系统类型：“送风”、“回风”和“排风”。在“机械设置”中，可以对预定义的三种系统类型（送风、回风和排风）的风管进行设置。这些设置将自动用于生成相应系数系统的风管：干管和支管使用“矩形风管：半径弯头/T 形三通”类型的风管；相对当前绘制平面的标高偏移量为 2750mm；支管使用的软风管类型为“圆形软风管：软管-圆形”，系统允许的最大软管接管长度为 1800mm，如图 2-7 所示。

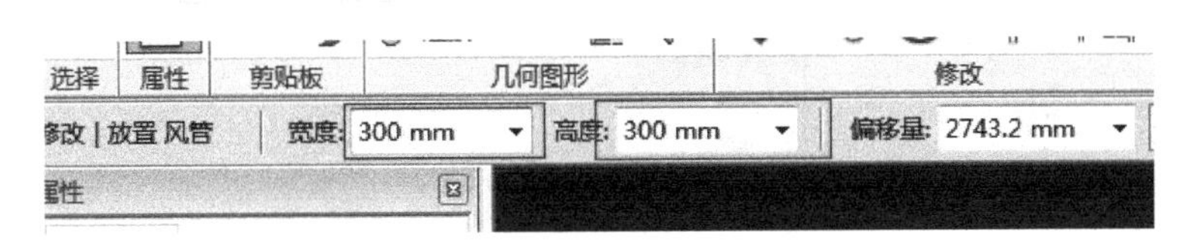

图 2-6

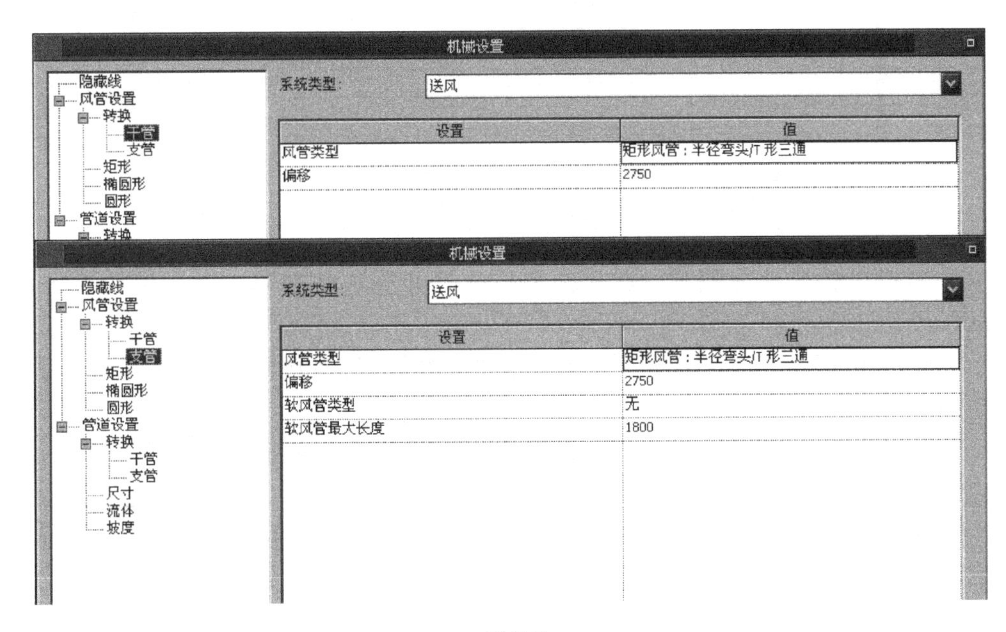

图 2-7

不同系统类型的干管和支管也可以在“生成布局”选项栏中定义，在“生成布局”选项栏定义的不同系统类型的风管设置会自动同步更新到“机械设置”中。

6. 其他设置

在“机械设置”对话框“风管设置”选项中，可以为风管尺寸标注以及风管内流体实行参数等进行设置，如图 2-8 所示。

面板中具体参数意义如下：

（1）为单线管件使用注释比例：如果勾选该选项，在屏幕视图中，风管管件和风管附件在粗略显示程度下，将会以“风管管件注释尺寸”参数所指定的尺寸显示。默认情况下，这个设置是勾选的。如果取消勾选后续绘制的风管管件和风管附件族将不再使用注释比例显示，但之前已经布置到项目中的风管管件和风管附件族不会更改，仍然使用注释比例显示。

（2）风管管件注释尺寸：指定在单线视图中绘制的风管管件和风管附件的出图尺寸。无论图纸比例为多少，该尺寸始终保持不变。

（3）空气密度：每立方米空气所具有的质量，用于风管水力计算，单位 kg/m^3。

（4）空气黏度：空气黏滞系数，与空气温度有关，用于风管的水利计算，单位 Pa・s。

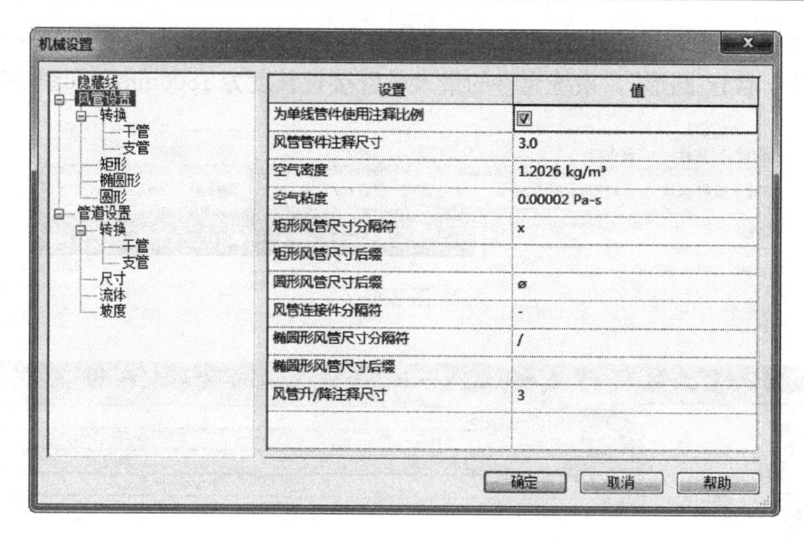

图 2-8

（5）矩形风管尺寸分隔符：显示矩形风管尺寸标注的分隔符号，例如 500mm×500mm。

（6）矩形风管尺寸后缀：指定附加到根据“实例属性”参数显示的矩形风管尺寸后面的符号。

（7）圆形风管尺寸后缀：指定附加到根据“实例属性”参数显示的圆形风管尺寸后面的符号。

（8）风管连接分隔符：指定在使用两个不同尺寸的连接件时用来分隔信息的符号。

（9）椭圆形风管尺寸分隔符：显示椭圆形风管尺寸标注的分隔符号，例如 500mm/500mm。

（10）椭圆形风管尺寸后缀：指定附加到根据“实例属性”参数显示的椭圆形风管尺寸后面的符号。

（11）风管升/降注释尺寸。

2.1.2 风管绘制

本节以绘制矩形风管为例介绍绘制风管的方法和要点。

1. 基本操作

在平面视图、立面视图、剖面视图和三维视图中均可绘制风管。

进入风管绘制模式有以下方式：

（1）单击功能区中“系统”→“风管”，如图 2-9 所示。

（2）进入绘图区已布置构件族的风管连接件，右击鼠标，单击快捷菜单中的“绘制风管”。

（3）直接键入 DT。

进入风管绘制模式后，“修改｜放置风管”选项卡和“修改｜放置风管”选项栏被同时激活，如图 2-10 所示。

按照以下步骤绘制风管：

（1）选择风管类型。在风管“属性”对话框中选择所需要绘制的风管类型。

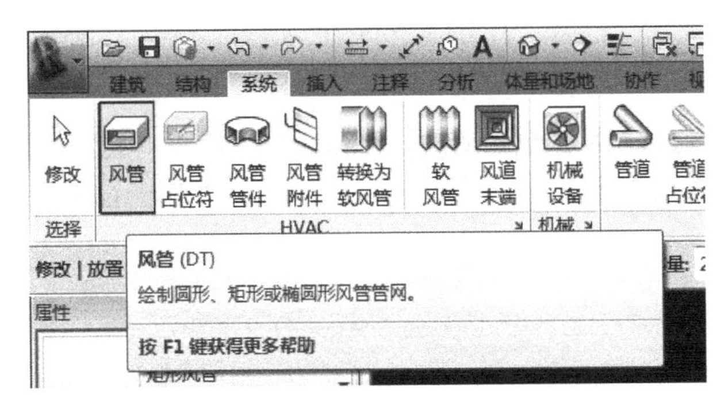

图 2-9

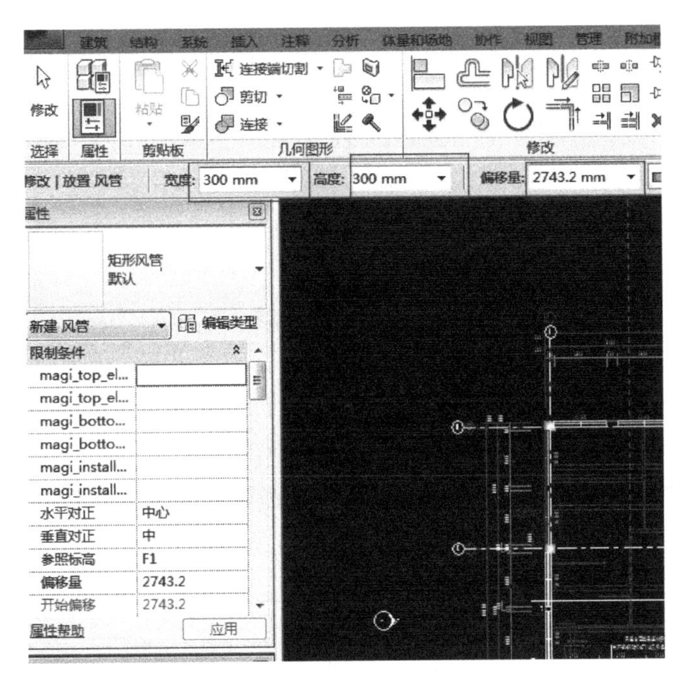

图 2-10

(2) 选择风管尺寸。在风管“修改 | 放置风管”选项栏上“宽度”或“高度”的下拉按钮，选择在“机械设置”中设定的风管尺寸。如果在下拉列表中没有需要尺寸，可以直接在“宽度”和“高度”输入需要绘制的尺寸。

(3) 指定风管偏移。默认“偏移量”是指风管中心线相对于当前平面标高的距离。重新定义风管“对正”方式后，“偏移量”指定距离的含义将发生变化，详见本节“2. 风管对正”，在“偏移量”选项中单击下拉按钮，可以选择项目中已经用到的风管偏移量，也可以直接输入自定义的偏移数值，默认单位为 mm。

(4) 指定风管起点和终点。将鼠标移至绘图区域，单击鼠标指定风管起点，移动至终点位置再次单击，完成一段风管的绘制。可以继续移动鼠标绘制下一管段，风管将根据管路布局自动添加在“类型属性”对话框中预设好的风管管件。绘制完成后，按“Esc”键或者右击鼠标，单击快捷菜单中的“取消”，推出风管绘制命令。

2. 风管对正

(1) 绘制风管

在平面视图和三维视图中绘制风管时，可以通过“修改｜放置风管”选项卡中的“对正”命令指定风管的对齐方式。单击“对正”，打开“对正设置”对话框，如图 2-11 所示。

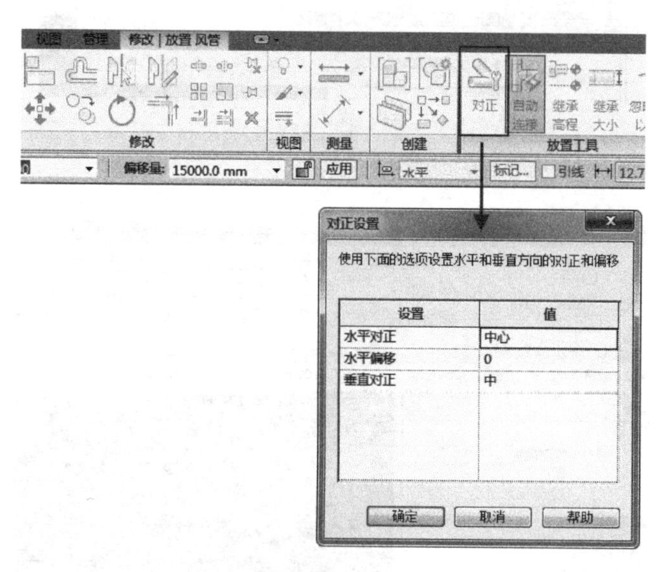

图 2-11

(2) 水平对正。当前视图下，以风管的“中心”、“左”或“右”侧边缘作为参照，将相邻两段风管边缘进行水平对齐。“水平对正”的效果与画管方向有关，自左向右绘制风管时，选择不同“水平对正”方式效果，如图 2-12 所示。

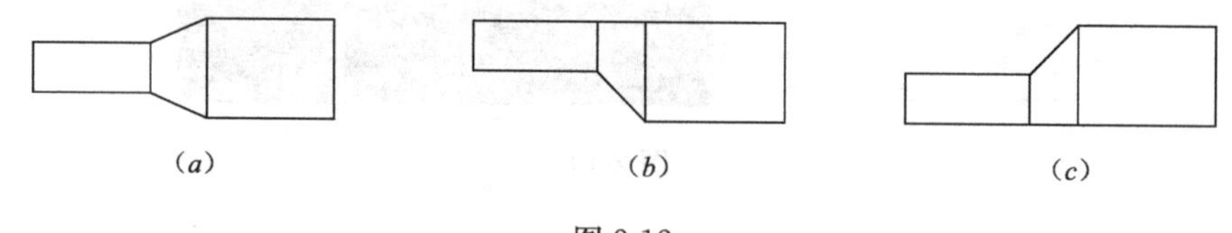

图 2-12

(a) 中心对正；(b) 左对正；(c) 右对正

(3) 水平偏移。用于指定风管绘制起始点位置与实际风管和墙体等参考图元之间的水平偏移距离。“水平偏移”的距离和“水平对齐”设置以及画管方向有关。设置“水平偏移”值为 100mm，自左向右绘制风管，不同“水平对正”方式下风管绘制效果，如图 2-13 所示。

(4) 垂直对正。当前视图下，以风管的“中”、“底”或“顶”作为参照，将相邻两段风管边缘进行垂直对齐。“垂直对齐”的设置决定风管“偏移量”指定的距离。不同“垂直对正”方式下，偏移量为 2750mm 绘制风管的效果，如图 2-14 所示。

3. 编辑风管

风管绘制完成后，在任意视图中，可以使用“对正”命令修改风管的对齐方式。选中需要修改的管段，单击功能区中“对正”，如图 2-15 所示。进入“对正编辑器”选择需要的对齐方式和对齐方向，单击“完成”。

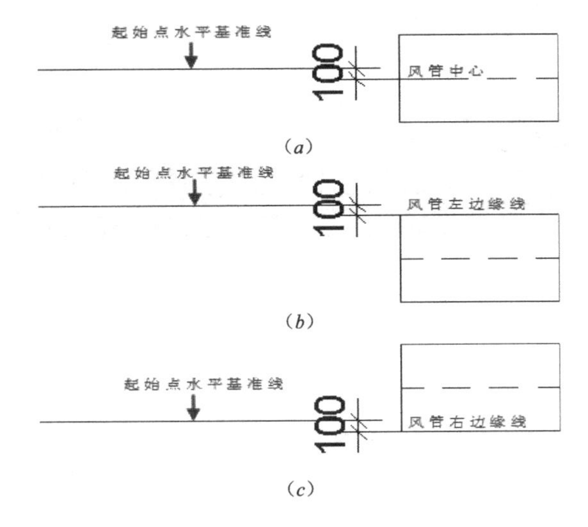

图 2-13
(a) 中心对正；(b) 左对正；(c) 右对正

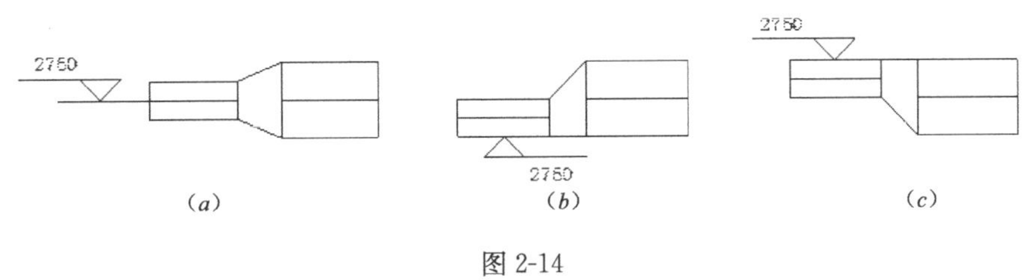

图 2-14
(a) 中心对正；(b) 底对正；(c) 顶对正

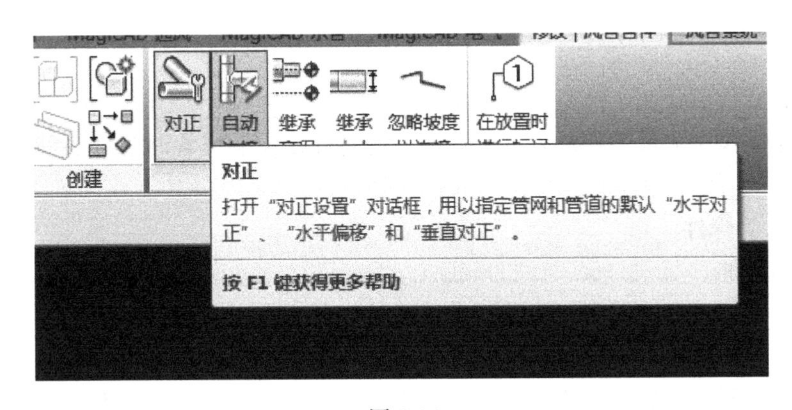

图 2-15

(1) 自动连接

“修改 | 放置风管”选项卡中的“自动连接”命令用于某一段风管管路开始或者结束时自动捕捉相交风管，并添加风管管件完成连接。默认情况下，这一选项是勾选的。如绘制两段不在同一高程的正交风管，将自动添加风管管件完成连接，如图 2-16 所示。

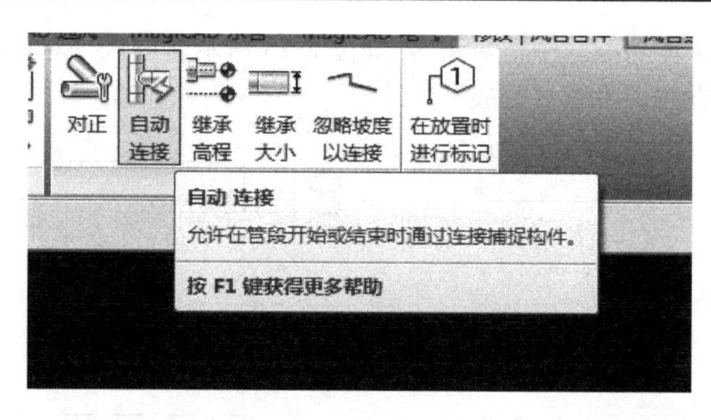

图 2-16

如果取消勾选“自动连接”，绘制两段不在同一高程的正交风管，则不会生成配件完成自动连接，如图 2-17 所示。

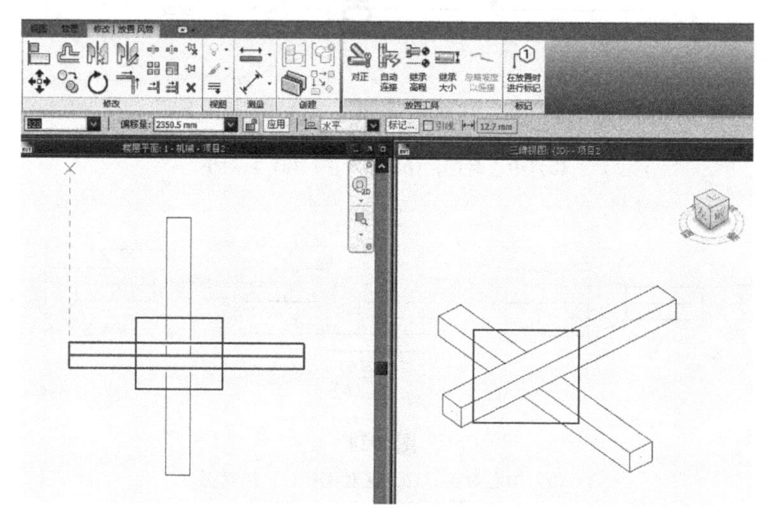

图 2-17

（2）风管管件的使用

风管管路中包含大量连接风管的管件。下面将介绍绘制风管时管件的使用方法和主要事项。

4. 放置风管管件

（1）自动添加

绘制某一类型风管时，通过风管“类型属性”对话框中“管件”指定的风管管件，可以根据风管自动布局加载到风管管路中。目前一些类型的管件可以在“类型属性”对话框中指定：弯头、T 形三通、接头、四通、过渡件（变径）、多形状过渡件矩形到圆形（天圆地方）、多形状过渡件椭圆形到圆形（天圆地方）、活接头。用户可根据需要选择相应的风管管件族。

（2）手动添加

在“类型属性”对话框中的“管件”列表中无法指定的管件类型，例如偏移、Y 形三通、斜 T 形三通、斜四通、喘振（对应裤衩三通）、多个端口（对应非规则管件），使用时需要手动插入到风管中或者将管件放置到所需位置后手动绘制风管。

【注意】对于不能自动加载到风管中的管件，如 Y 形三通或斜三通等，即使族文件中的模型满足任意角度参变，在项目中，该管件仍然无法实现通过拖动支管改变倾斜角度。以添加支管角度可变的 Y 形三通为例，使用该类管件时，需要遵循以下步骤：画好干管后将管件插入到所需位置，通过管件“属性”对话框将支管“角度”调整到所需值，如 75°，最后手动接好支管，如图 2-18 所示。

如果支管接好后，将无法再调整支管的角度，如图 2-19 所示。所以使用这类管件时，需要先制定支管角度，再连接支管。

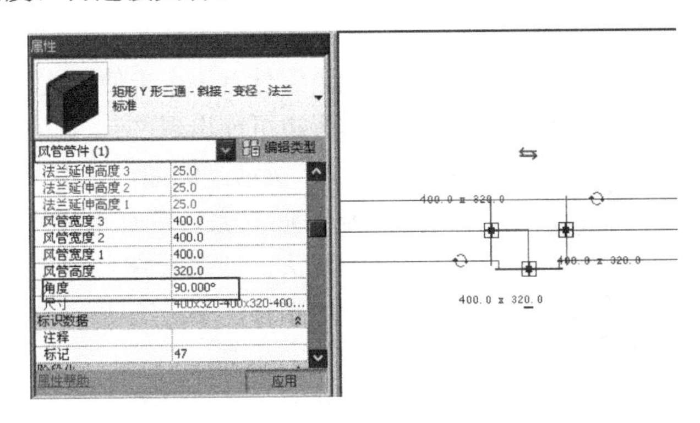

图 2-18

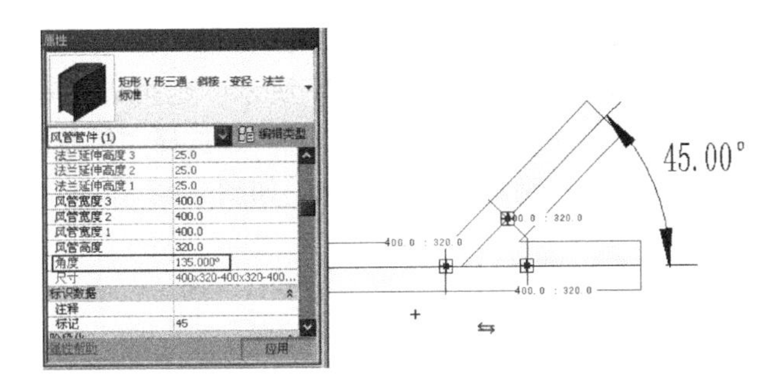

图 2-19

5. 编辑管件

在绘图区域中单击某一管件，管件周围会显示一组管件控制柄，可用于修改管件尺寸、调整管件方向和进行管件升级或降级，如图 2-20 所示。

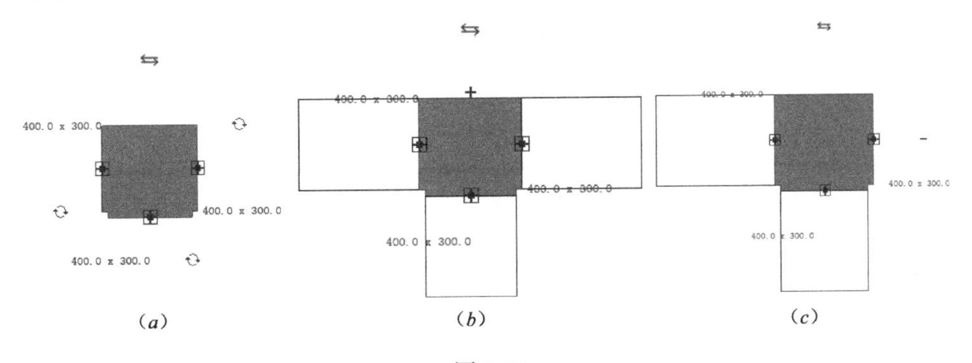

图 2-20

（1）在所有连接件都没有连接风管时，可单击尺寸标注改变管件尺寸，如图 2-20（*a*）所示。

（2）单击⇆符号可以实现管件水平或垂直翻转 180°。

（3）单击⟲符号可以旋转管件。注意：当管件连接了风管后，该符号不会再出现，如图 2-20（*b*）所示。

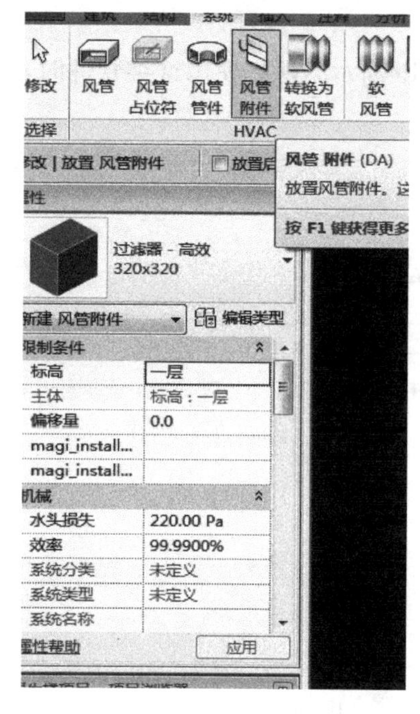

图 2-21

（4）如果管件的所有连接件都连接风管，可能出现“+”，表示该管件可以升级，如图 2-20（*b*）所示。例如，弯头可以升级为 T 形三通；T 形三通可以升级为四通等。

（5）如果管件有一个未使用连接风管的连接件，在该连接件的旁边可能出现“—”，表示该管件可以降级，如图 2-20（*c*）所示。例如，带有未使用连接件的四通可以降级为 T 形三通；带有未使用连接件的 T 形三通可以降级为弯头。如果管件上有多个未使用的连接件，则不会显示加减号。

6. 风管附件放置

在平面视图、立面视图、剖面视图和三维视图中均可放置风管附件。单击“常用”→“风管附件”，在“属性”对话框中选择需要插入的风管附件，插入到风管中，如图 2-21 所示。也可以在项目浏览器中，展开“族”→“风管附件”，选择“风管附件”下的族直接拖到右侧绘图区域，如图 2-22 所示。

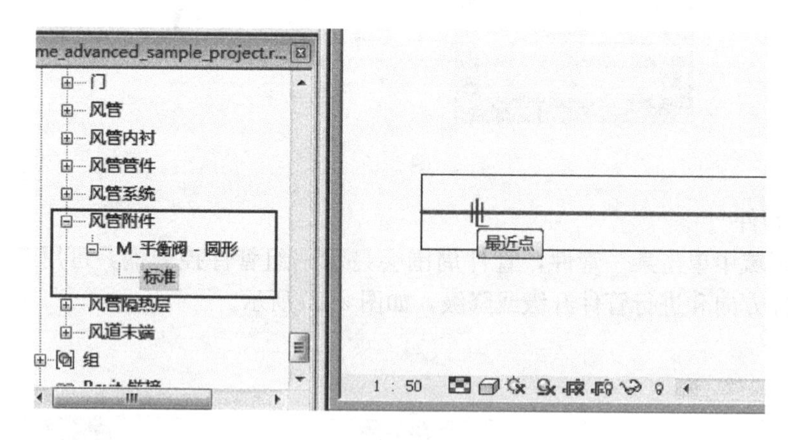

图 2-22

不同部件类型的风管管件，插入到风管中，安装效果不同，部件类型为“插入”或“阻尼器”（对应阀门）的附件，插入到风管中将自动捕捉风管中心线，单击鼠标放置风管附件，附件会打断风管直接插入到风管中，如图 2-23（*a*）所示。部件类型为“附着到”的风管附件，插入到风管中将自动捕捉风管中心线，单击鼠标放置风管附件，附件将连接到风管一端，如图 2-23（*b*）所示。

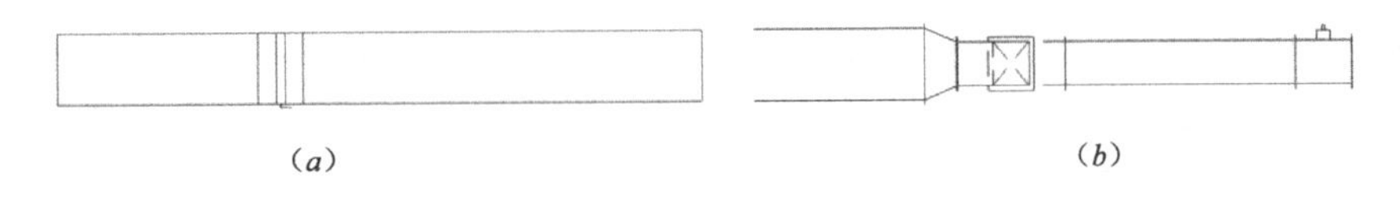

图 2-23

7. 绘制软风管

在平面视图和三维视图中可以绘制软风管。有两种方式激活绘制“软风管”命令：

(1) 单击“系统”→“软风管”命令，如图 2-24 所示。

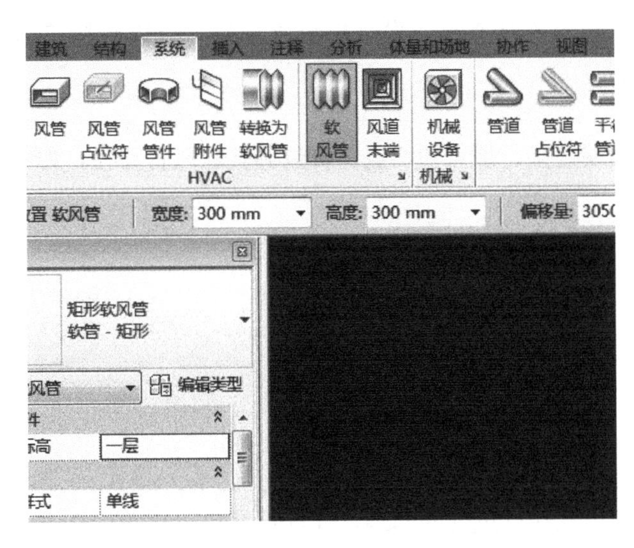

图 2-24

(2) 右击风管、风管管件、风管附件或机械设备等的风管连接件，单击快捷菜单中“绘制软风管”选项直接绘制软风管。

(3) 选择软风管类型。在软风管“属性”对话框中选择所需要绘制的风管类型。目前 Recit MEP 2013 提供一种矩形软管和一种圆形软管，如图 2-25 所示。

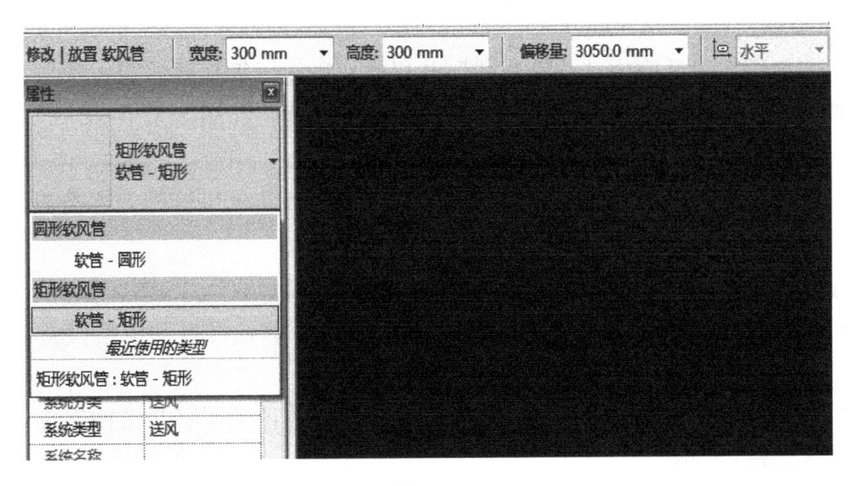

图 2-25

（4）选择软风管尺寸。单击“修改｜放置软风管”选择栏上“宽度”或“高度”的下拉按钮，选择在“机械设置”中设定的风管尺寸。如果在下拉列表中没有需要尺寸，可以直接在“高度”和“宽度”输入需要绘制的尺寸。

（5）指定软管偏移量。“偏移量”是指软风管中心线相当于当前平面标高的距离。在“偏移量”选项中单击下拉按钮，可以选择项目中已经用到的软风管/风管偏移量，也可以直接输入自定义的偏移量数值，默认单位为 mm。

（6）指定风管起点和终点。在绘图区域中，单击指定软风管的起点，沿着软风管的路径在每个拐点单击鼠标，最后在软管终点单击“Esc”键或右击鼠标选择“取消”。如果软风管的终点是连接到某一风管或某一设备的风管连接，可以直接单击所需要连接的连接件，以结束软管绘制。

8. 修改软管

在软管上拖拽两端连接、顶点和切点，可以调整软风管路径，如图 2-26 所示。

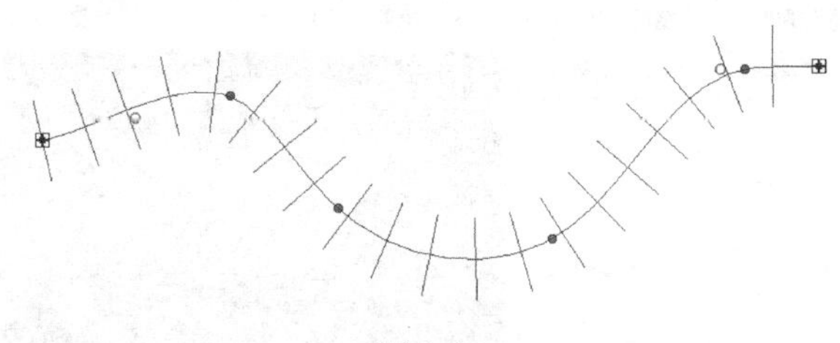

图 2-26

（1）连接件⊞：出现在软风管的两端，允许重新定位软管的端点。通过连接件，可以将软管与另一构件的风管连接件连接起来，或断开与该风管连接件的连接。

（2）顶点●：沿软风管的走向分布，允许修改风管的拐点。在软风管上单击鼠标右键，快捷菜单中可以“插入顶点”或“删除顶点”。使用顶点可在平面视图中以水平方向修改软件风管的形状，在剖面视图或立面视图中以垂直方向修改软风管的形状。

（3）切点○：出现在软管的起点和终点，允许调整软风管的首个和末个拐点处得连接方向。

9. 软风管样式

软风管“属性”对话框中“软管样式”共提供八种软风管样式，通过选取不同的样式可以改变软风管在平面视图的显示。部分矩形软风管样式，如图 2-27 所示。

10. 设备接管

设备的风管连接件可以连接风管和软风管。连接风管和软风管的方法类似，本节将以连接风管为例，介绍设备连接管的 3 种方法。

（1）单击设备，右击设备的风管连接件，单击“绘制风管”，如图 2-28 所示。

【技巧】从设备连接件开始绘制风管时，按“空格”键，可自动根据设备连接件的尺寸和高程调整绘制风管的尺寸和高程。

（2）直接拖动已绘制的风管到相应设备的风管连接件，风管将自动捕捉设备上的风管连接件，完成连接，如图 2-29 所示。

（3）使用“连接到”功能为设备连接风管。单击需要连接的设备，单击功能区中“连

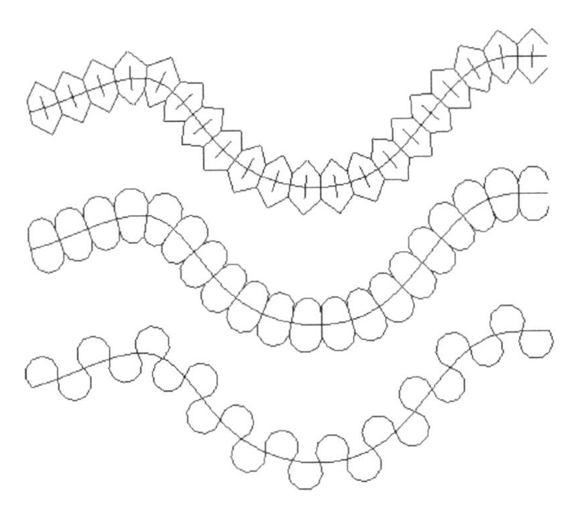

图 2-27

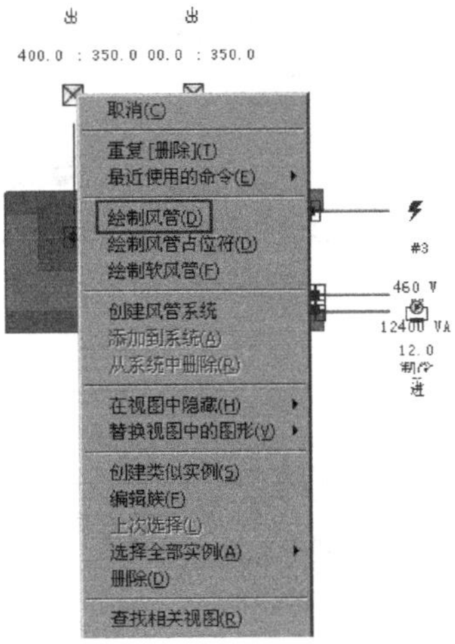

取消(C)
重复 [删除](T)
最近使用的命令(E)
绘制风管(D)
绘制风管占位符(D)
绘制软风管(F)
创建风管系统
添加到系统(A)
从系统中删除(R)
在视图中隐藏(H)
替换视图中的图形(V)
创建类似实例(S)
编辑族(F)
上次选择(L)
选择全部实例(A)
删除(D)
查找相关视图(R)

图 2-28

接到”命令，如果设备包含一个以上的连接件，将打开“选择连接件对话框”，选择需要连接风管的连接件，单击“确定”，然后单击该连接件所有连接到的风管，完成设备与风管的自动连接，如图 2-30 所示。

【注意】不能使用“连接到”命令将设备连接到软风管上。

11. 风管的隔热层和衬层

Revit MEP 可以为风管管路添加隔热层和衬层。分别编辑风管和风管管件的属性，输入所需要的隔热层和衬层厚度，如图 2-31 所示。当视觉样式设置为“线框”时，可以清晰地看到

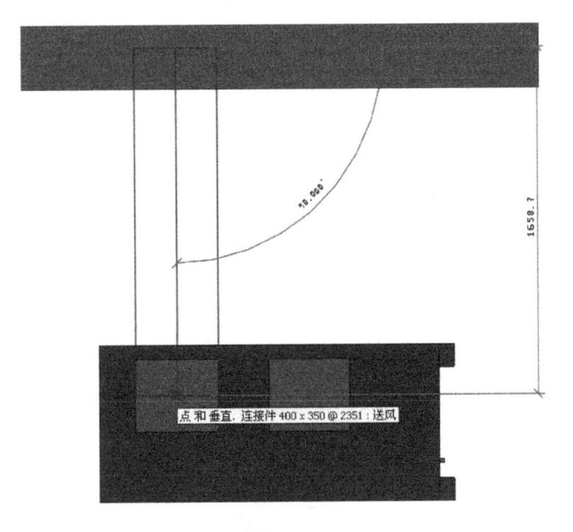

图 2-29

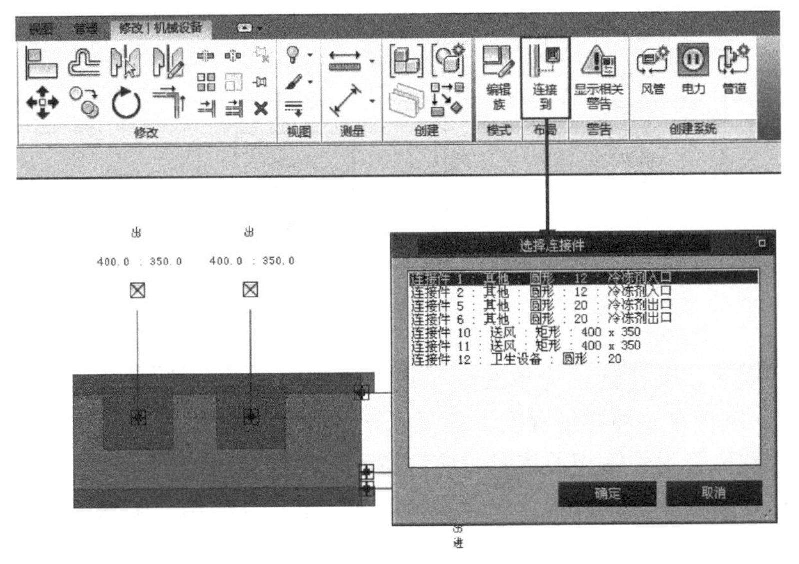

图 2-30

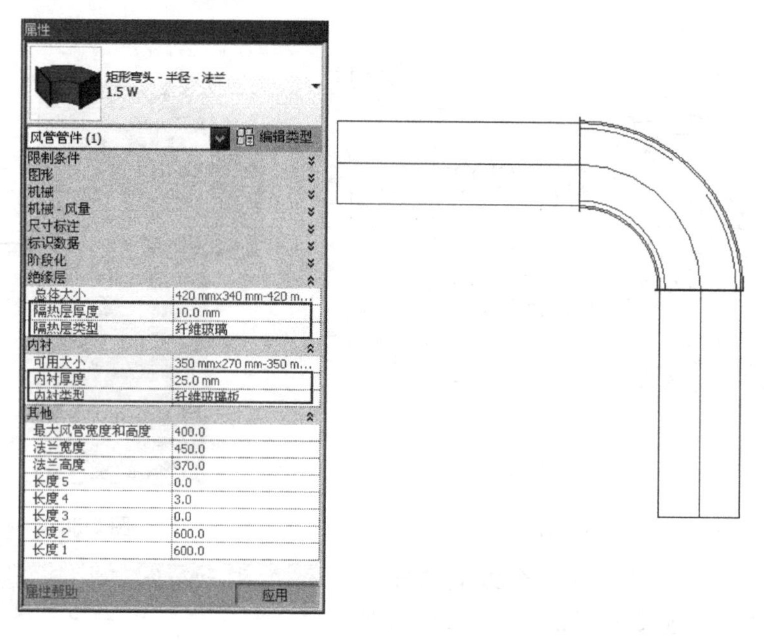

图 2-31

隔热层和衬层。

2.1.3 风管显示

1. 视图详细程度

Revit MEP 的视图可以设置 3 种详细程度：粗略、中等和精细，如图 2-32 所示。

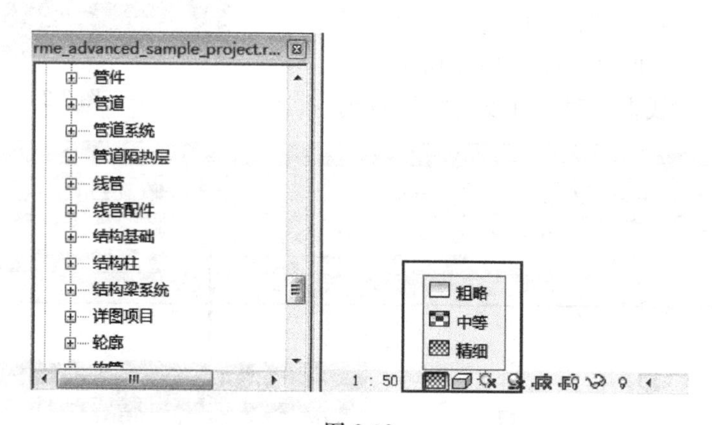

图 2-32

在粗略程度下，风管默认为单线显示；在中等和精细程度下，风管默认为双线显示，见表 2-1。风管在 3 种详细程度下的显示不能自定义修改，必须使用软件设置。在创建风管管件和风管附件等相关族时，应注意配合风管显示特性，尽量使风管管件和风管附件在粗略详细程度单线显示，中等和精细视图下双线显示，确保风管管路看起来协调一致。

风管在不同详细程度下的显示　　　　表 2-1

详细程度		粗略	中等	精细
矩形风管	平面视图			
	三维视图			

2. 可见性/图形替换

单击功能区中“视图”→“可见性/图形替换”，或者通过快捷键 VG 或 VV 打开当前视图的“可见性/图形替换”对话框。在“模型类别”选项中可以设置风管的可见性。勾选表示可见，不勾选表示不可见。设置“风管”族类别可以整体控制风管的可见性，还可以分别设置风管族的子类别，如衬层、隔热层等控制不同子类别的可见性。图 2-33 的设置表示风管族中所有子类别都可以见。

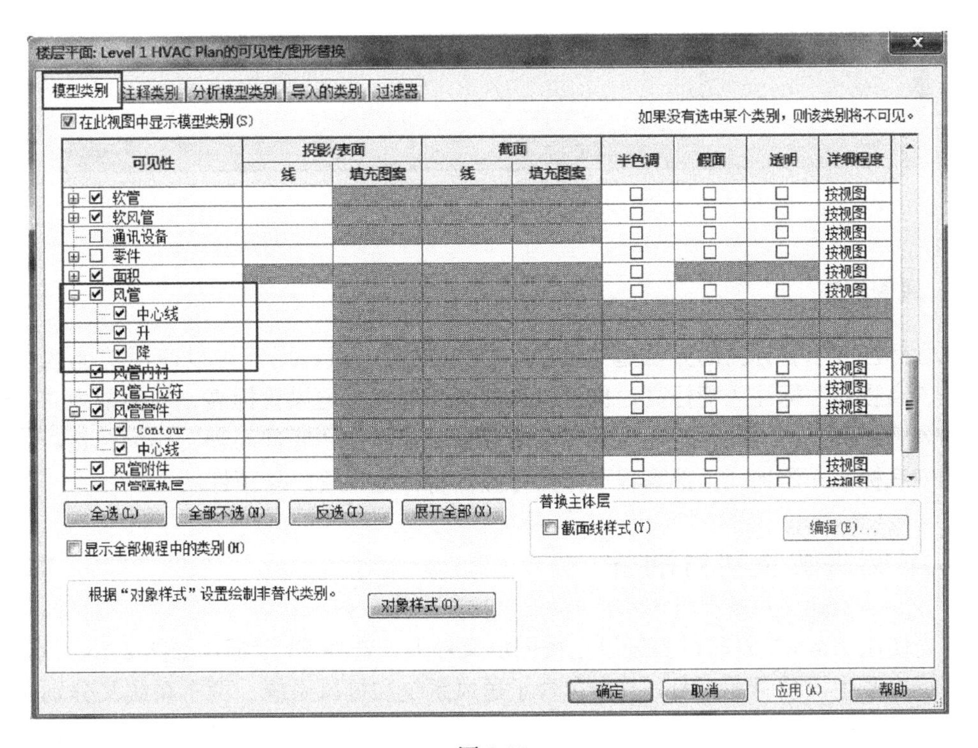

图 2-33

“模型类别”选项卡中右侧的“详细程度”选项可以控制风管族在当前视图显示的详细程度。默认情况下详细程度选择“按视图”，即根据视图的详细程度设置显示风管。如果风管族的详细程度设置为“粗略”、“中等”或者“精细”，风管的显示将不依据当前视图详细程度的变化而变化，只根据选择的详细程度显示。如在某一视图的详细程度设成“精细”，风管的详细程度通过“可见性/图形替换”对话框设成“粗略”，风管在该视图下将以“粗略”程度的单线显示。

3. 风管图例

平面视图中的风管，可以根据风管的某一参数进行着色，帮助用户分析系统。

4. 隐藏线

“机械设置”对话框中“隐藏线”的设置，主要用来设置图元之间交叉、发生遮挡关系时的显示，如图 2-34 所示。

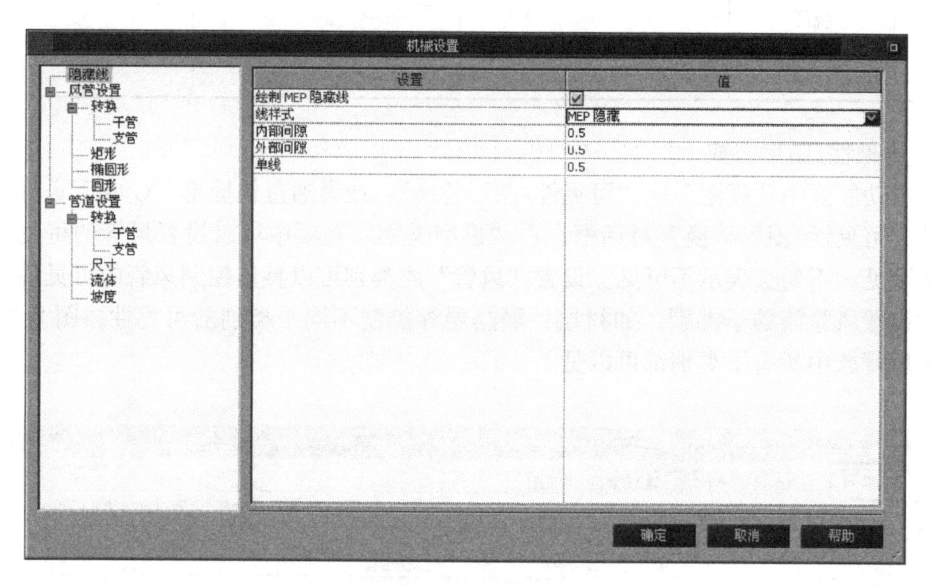

图 2-34

2.1.4 风管标注

风管标注和水管标注的方法基本相同。这里强调一点，用户可以使用功能区中“注释”→“高程点”标注风管标高，也可以自定义注释族标记风管标高。族类型为“风管标记”的风管注释族，可以标记与风管相关的参数。如添加“底部高程”作为标签，将标注风管的管底标高；添加“顶部高程”作为标签，将标注风管的管顶标高。

2.2 案例讲解及项目准备

首先使用 AutoCAD 软件打开厚生楼图块文件夹，选择 F1 暖通，如图 2-35 所示。

图纸为厚生楼暖通平面图，其中包含了送风系统和排风系统。两个系统又分别由送风管、排风管、送风机、排风机等部分组成。各个风管通过送风机、排风机连接成完整的通风系统。

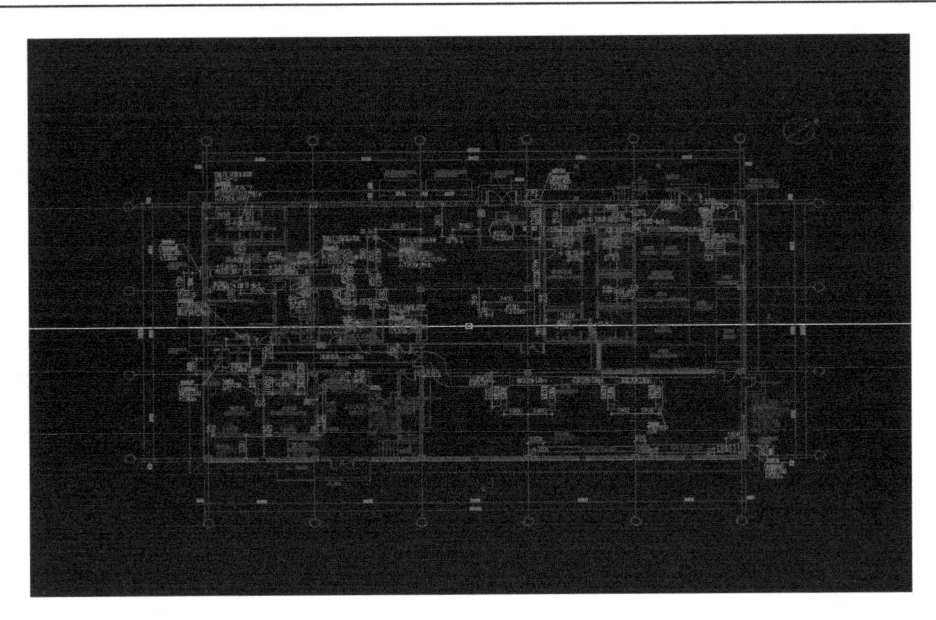

图 2-35

这节将按照此平面图，绘制 Revit MEP 暖通施工图。

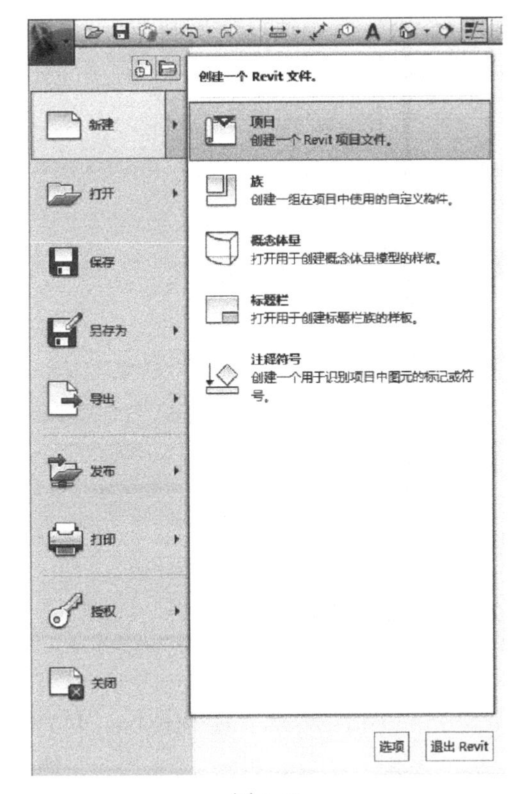

图 2-36

2.2.1　新建项目文件

单击“应用程序菜单”→“新建”→“项目”，打开“新建项目”对话框，如图 2-36 所示。单击“浏览”，选择项目样板文件后单击“确定”。

2.2.2　链接模型

新建项目后，将建筑结构模型链接到项目文件中。单击功能区中“插入”→“链接 Revit”，打开“导入/链接 RVT”对话框，选择要链接的建筑模型“2＃厚生楼项目（完成）.rvt”，并在“定位”一栏中选择“自动-原点到原点”，单击右下角的“打开”按钮，建筑模型就链接到了项目文件中。

2.2.3　导入 CAD

导入 CAD 模型：单击“插入”选项卡→“导入 CAD”，弹出导入 CAD 对话框，选择“厚生楼暖通.dwg”，导入单位为“毫米”，定位为“自动-原点到原点”，单击“确定”。

导入 CAD 后，CAD 与建筑模型不重合，单击“对齐”命令，先选择建筑模型上的墙线，再选择 CAD 中对应的墙线，将 CAD 和建筑模型重合。

2.3 风系统模型的绘制

风系统基本上由空调风系统、通风系统及排烟等系统组成，空调风系统又可分为送风系统、回风系统和新风系统。本节中将讲解绘制风管、添加管件和创建风系统的方法。

准备：设置视图可见性

在平面视图中，绘制依据导入的 CAD，暂时不需要链接的建筑模型，首先隐藏建筑模型在平面视图中的可见性：单击右侧楼层平面“属性”中的“可见性/图形替换”编辑按钮，弹出“楼层平面：F1 的可见性/视图替换”对话框，选择“Revit 链接”选项卡，去掉“2＃厚生楼（完成）.rvt”前面的勾选，单击“确定”，完成视图可见性的设置，如图 2-37 所示。

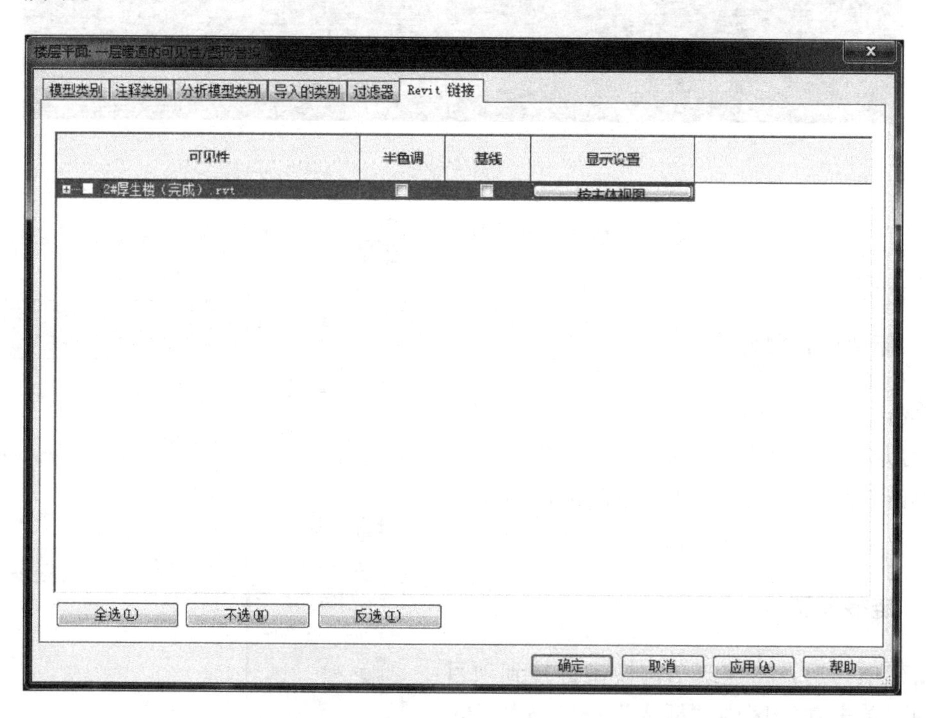

图 2-37

2.3.1 绘制风管

1. 风管属性的设置

(1) 单击“系统”选项卡下，“HVAC”面板中“风管”工具，或使用快捷键 DT，如图 2-38 所示。进入风管绘制界面。

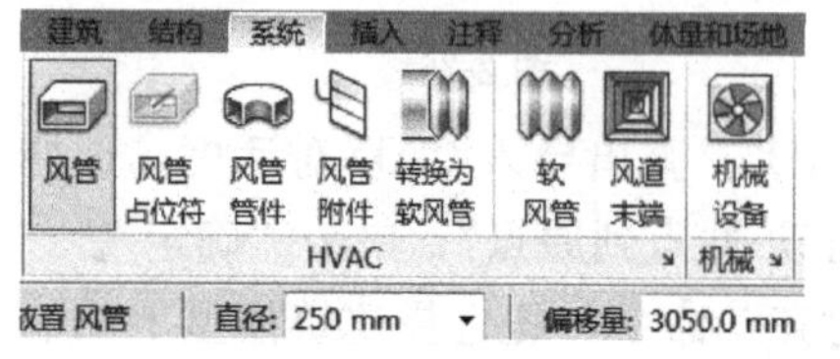

图 2-38

(2) 单击“属性”栏中“编辑类型”按钮，弹出“类型属性”对话框，在“类型”下拉列表中有四种可供选择的管道类型，分别为：半径弯头/T 形三通、半径弯头/接头、斜接弯头/T 形三通和斜接弯头/接头（不同项目样板的分类名称不一样，但原理相同）。它们的区别主要在于弯头和支管的连接方式，其命名是以连接方式来区分的，半径弯头/斜接弯头表示弯头的连接方式，T 形三通/接头表示支管的连接方式（如图 2-39 和图 2-40 所示）。

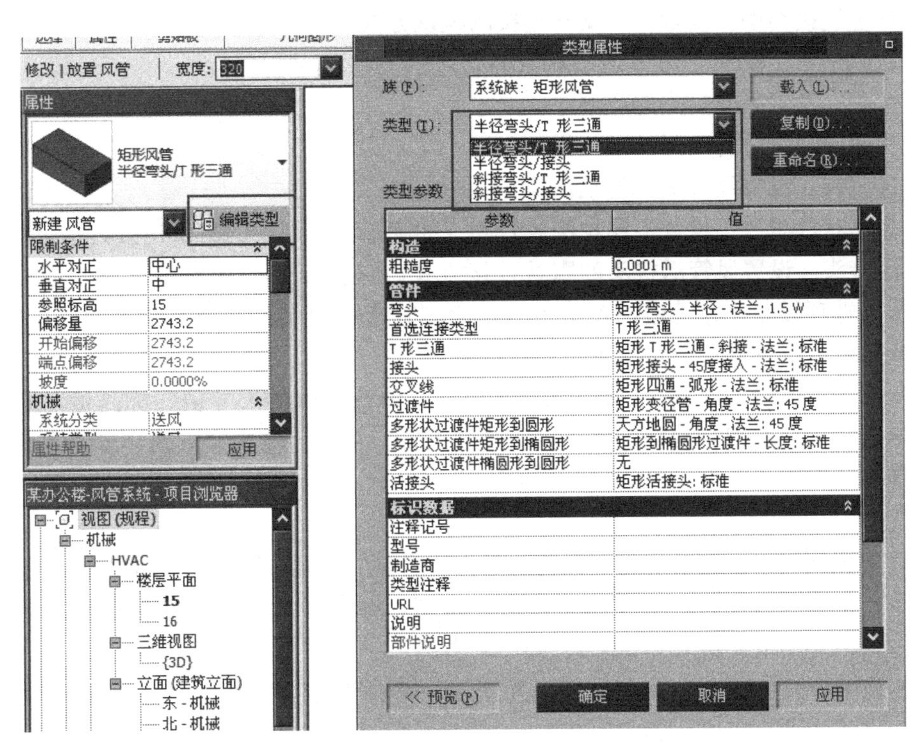

图 2-39

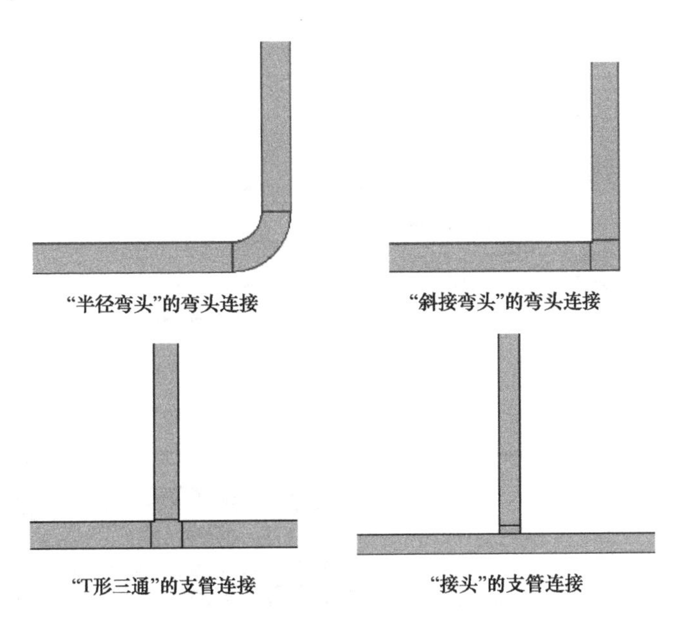

图 2-40

（3）在“机械”标签下，可以看到弯头、首选连接类型等构件的默认设置，管道类型名称与弯头、首选连接类型的名称之间是有联系的。各个选项的设置功能如下：

① 弯头：设置风管方向改变时所用弯头的默认类型。

② 首选连接类型：设置风管支管连接的默认方式。

③ T 形三通：设置 T 形三通的默认类型。

④ 接头：设置风管接头的类型。

⑤ 四通：设置风管四通的默认类型。

⑥ 过渡件：设置风管变径的默认类型。

⑦ 多形状过渡件：设置不同轮廓风管间（如圆形和矩形）的默认连接方式。

⑧ 活接头：设置风管活接头的默认连接方式，它和 T 形三通是首选连接方式的下级选项。这些选项设置了在管道的连接方式，绘制管道过程中不需要不断改变风管的设置，只需改变风管的类型就可以，减少了绘制的麻烦。

（4）单击“风管”工具，或输入快捷键 DT，修改风管的尺寸值、标高值，绘制一段风管，然后输入变高程后的标高值；继续绘制风管，在变高程的地方就会自动生成一段风管的立管。

2. 绘制风管

（1）首先来创建送风系统的主风管。单击“常用”选项卡下“HVAC”面板上的“风管”命令，单击“属性”栏中“编辑类型”按钮，弹出“类型属性”对话框。单击“复制”弹出名称对话框，键入“S-送风管”，单击确定。

（2）设置风管的参数，点击布管配置系统，修改管件类型如图 2-41 所示，如在下拉菜单中没有的类型，可以从族库中载入。

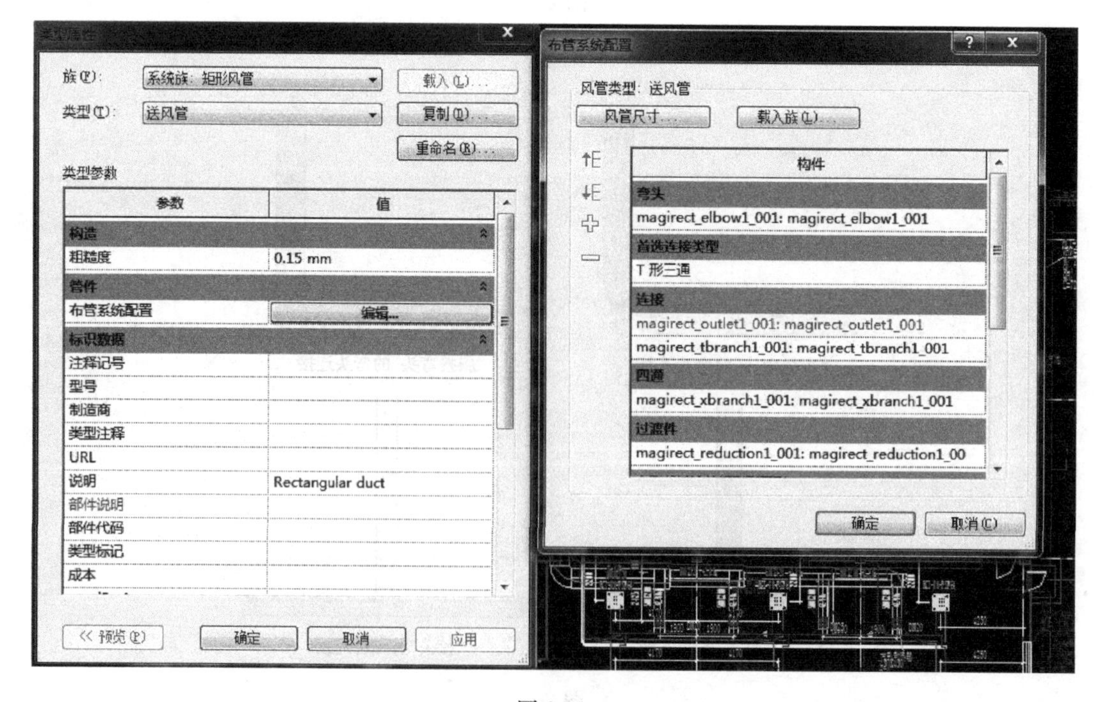

图 2-41

（3）首先绘制左下角的送风风管，根据 CAD 底图所示，在选项栏中设置风管的尺寸和高度，宽度为 1000，高度为 320，偏移量为 2850，如图 2-42 所示。

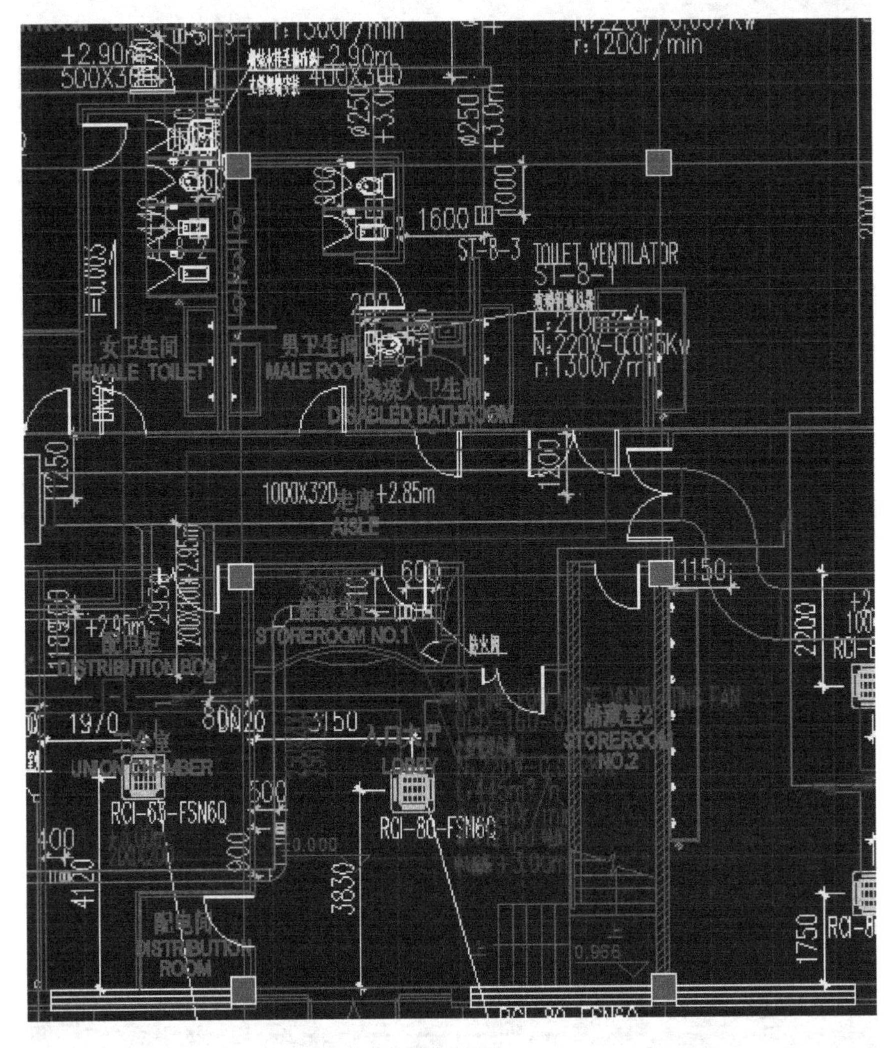

图 2-42

（4）绘制一段风管，风管的绘制需要两次单击，第一次单击确认风管的起点，第二次单击确认风管的终点。绘制完毕后选择“修改”选项卡下“编辑”面板上的“对齐”命令，将绘制的风管与底图位置对齐并锁定，如图 2-43 所示。

（5）选择绘制的风管，在末端小方块上单击鼠标右键。选择“绘制风管”，继续绘制下一段风管，连续绘制后面的管段，在转折处系统会根据设置自动生成弯头，绘制完毕后选择“修改”选项卡下“编辑”面板上的“对齐”命令，将绘制的风管与底图位置对齐并锁定，如图 2-44 所示。

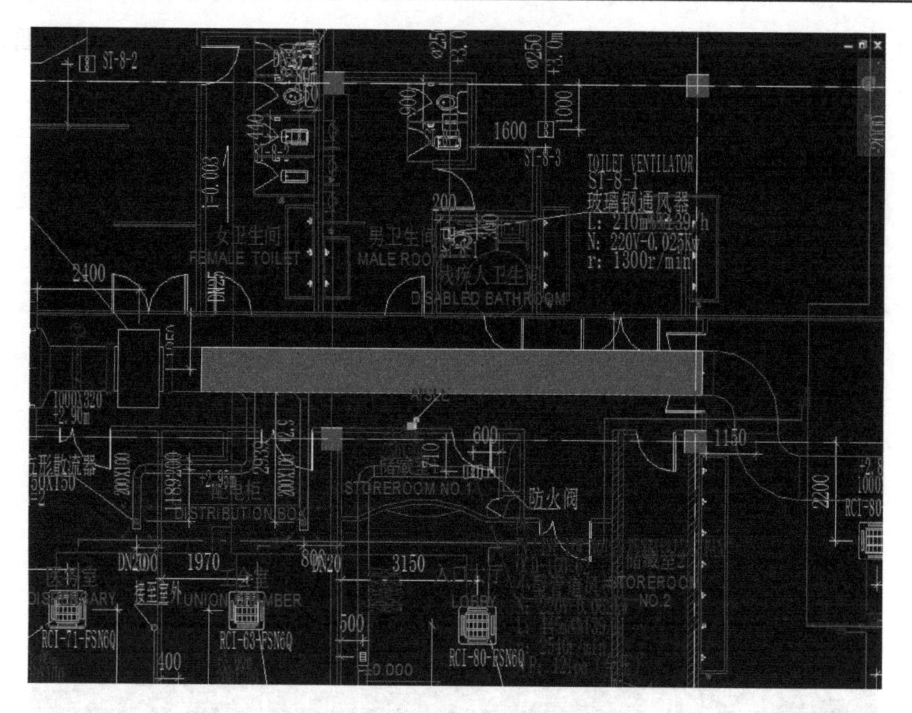

图 2-43

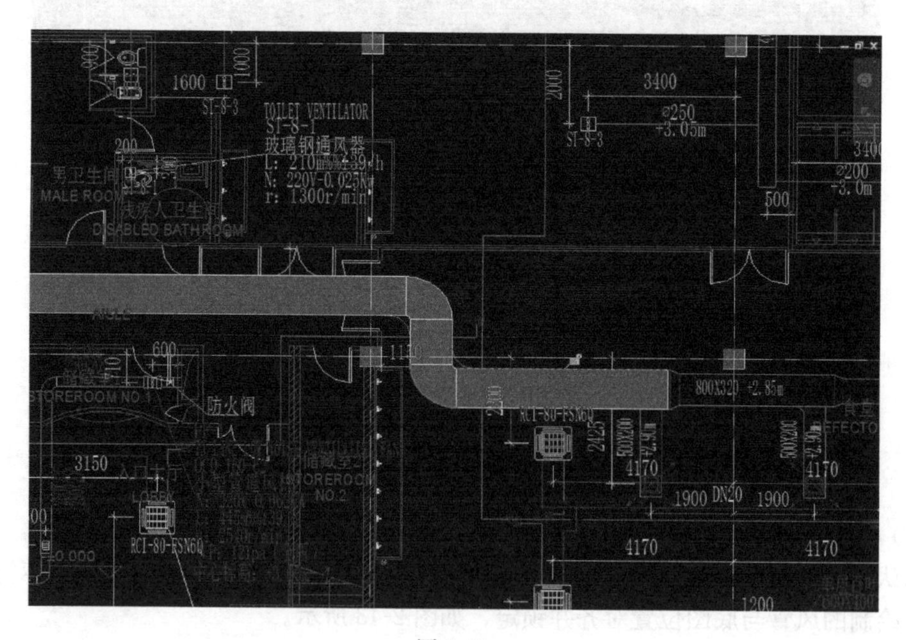

图 2-44

（6）按如上方法绘制其他风管。

2.3.2 添加阀门并连接主要设备

1. 添加阀门

（1）载入阀门族

单击“插入”选项卡下的“从库中载入”面板上的“载入族”命令，选择阀门族文件，单击打开，将该族载入项目中。

（2）放置阀门

阀门放置是直接添加到绘制好的风管上，系统自动生成连接。选择系统选项卡的“风管附件”命令，直接放置到风管上，用相同方法绘制其他风管附件，如图 2-45 和图 2-46 所示。

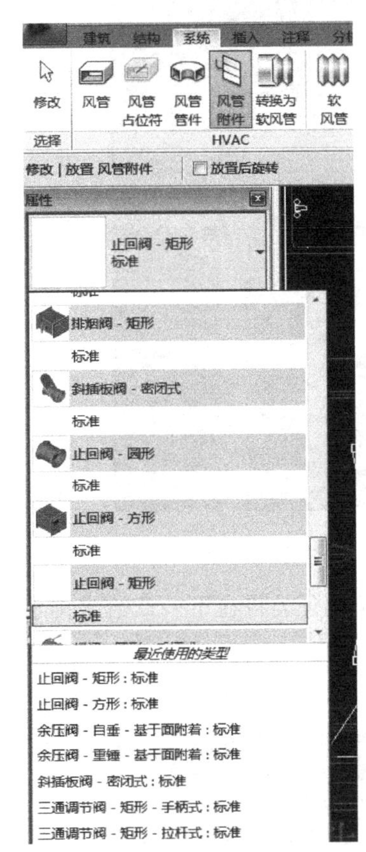

图 2-45

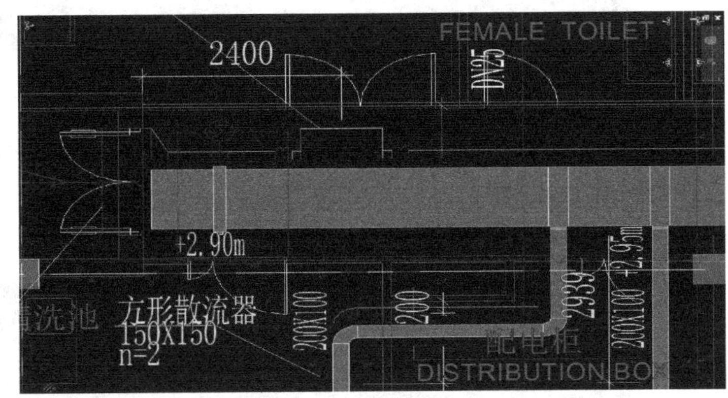

图 2-46

2. 添加风机

（1）载入风机族

单击“插入”选项卡下“从库中载入”面板上的“载入族”命令，选择风机族文件，单击打开，将该族载入项目中。

（2）放置风机

风机放置方法是直接添加到绘制好的风管上，所以先绘制好风管再添加风机。将风管连接到已经绘制好的排风管上，系统自动生成连接。

（3）添加风机

单击“常用”选项卡下“机械”面板上的“机械设备”命令，在右侧的类型选择器中选择新风机（如果没有此族，需载入族），然后在绘图区域排风机所在位置单击鼠标左键，即将风机添加到项目中，如图 2-47 所示。

因为案例中风机两边的风管尺寸不同，如果风机放置在靠较细的风管一端，系统会提示错误，所以在放置时，可以暂时不按照 CAD 底图的位置放置，后面再进行调整即可。

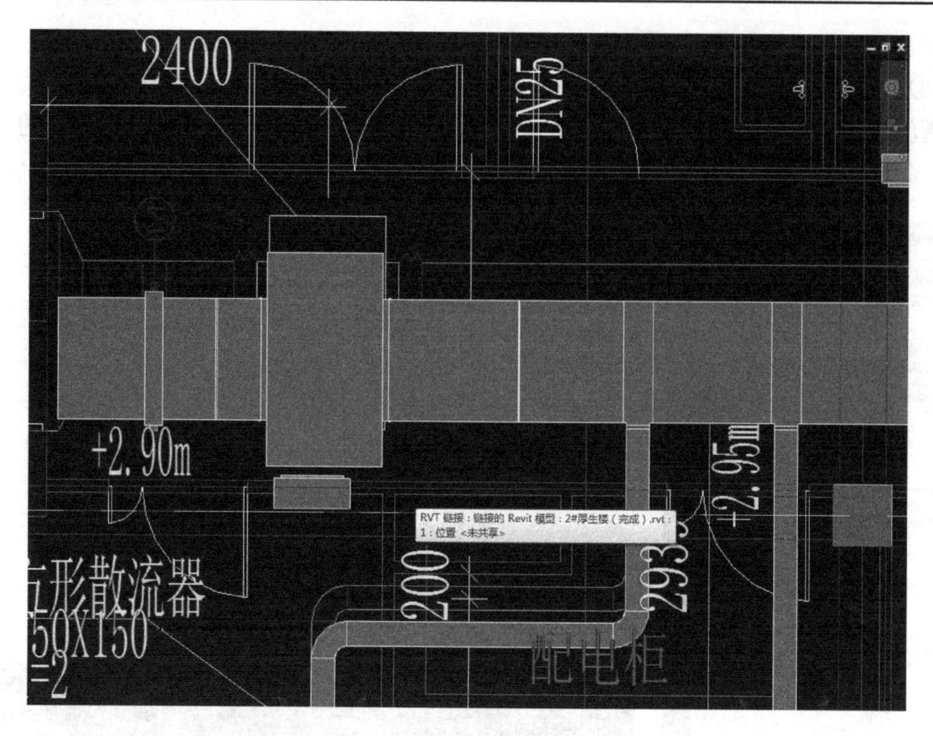

图 2-47

用相同的方法添加其他的风机，如图 2-48 所示。（风管颜色分类将在下一章给水排水系统绘制中详细讲解）。

至此，风系统模型绘制完毕，保存。

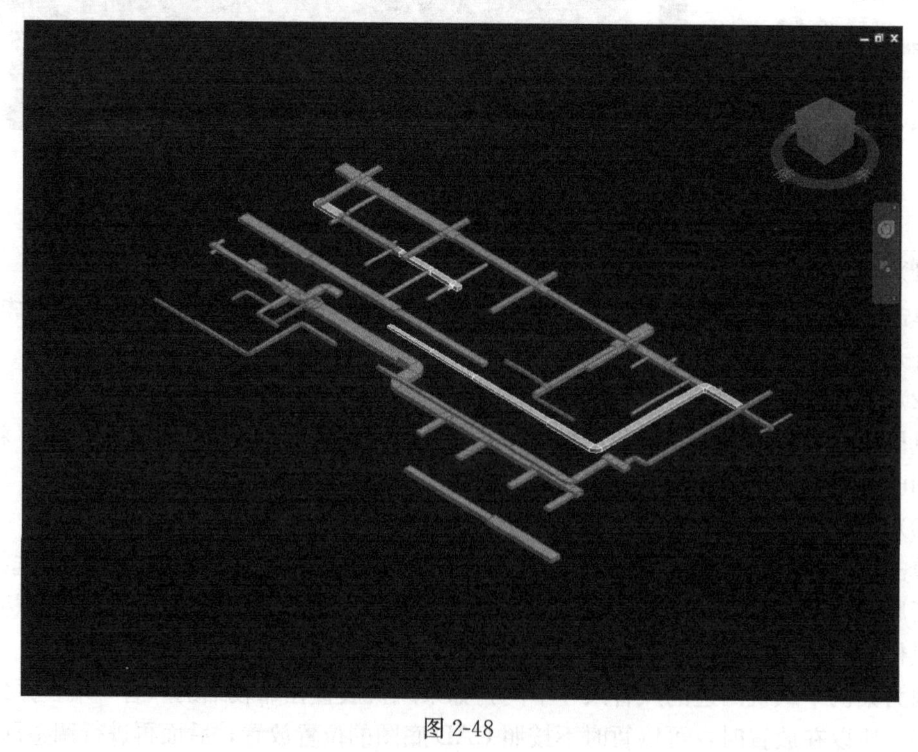

图 2-48

第3章　水系统的创建

水管系统包括空调水系统、生活给水排水系统及雨水系统等。空调水系统又分为冷冻水、冷却水、冷凝水等系统。生活给水排水分为冷水系统、热水系统、排水系统等。本章主要讲解水系统在 Revit MEP 中的绘制方法。

3.1　管道功能

Revit MEP 提供了强大的管道设计功能。利用这些功能，给水排水工程师可以方便迅速地布置管道、调整管道尺寸、控制管道显示、进行管道标注和统计。

3.1.1　管道设计参数

本节将着重介绍如何在 Revit MEP 中设置管道设计参数，做好绘制管道的准备工作。合理设置这些参数，可以大大减少后期管道调整的工作。

1. 管道尺寸

在 Revit MEP 中，通过“机械设置”中的“尺寸”选项查看、添加、删除当前项目文件中的管道尺寸信息。

1）打开“机械设置”对话框的方式

（1）单击“管理”选项卡→“设置”面板→“MEP 设置”工具下拉菜单“机械设置”命令，如图 3-1 所示。

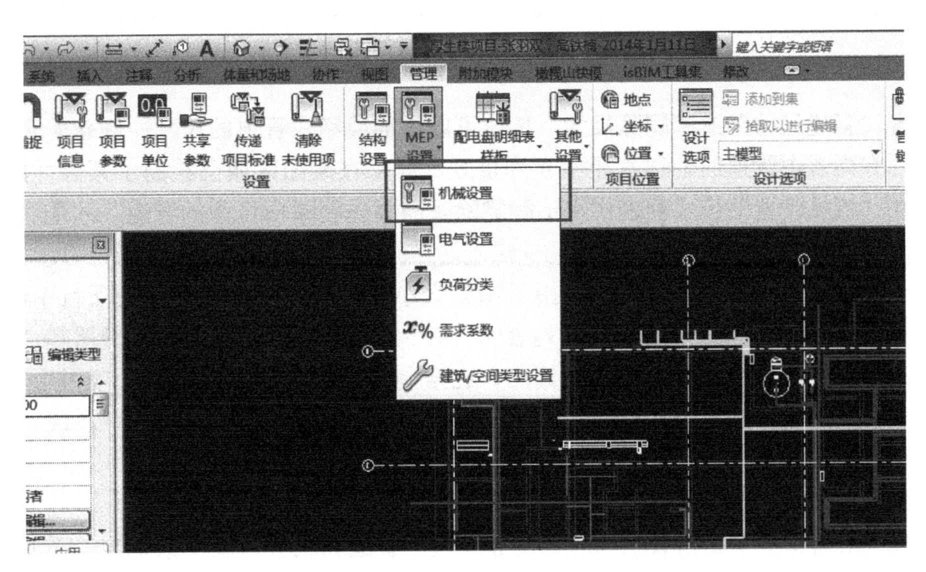

图 3-1

（2）单击“系统”选项卡＞“机械”面板，如图 3-2 所示。

图 3-2

（3）直接键入 MS。

2）添加/删除管道尺寸

打开“机械设置”对话框后，单击“尺寸”，右侧面板会显示可在当前项目中使用的管道尺寸列表。在 Revit MEP 中，管道尺寸可以通过“新建”进行设置，“粗糙度”用于管道的水力计算，如图 3-3 所示。

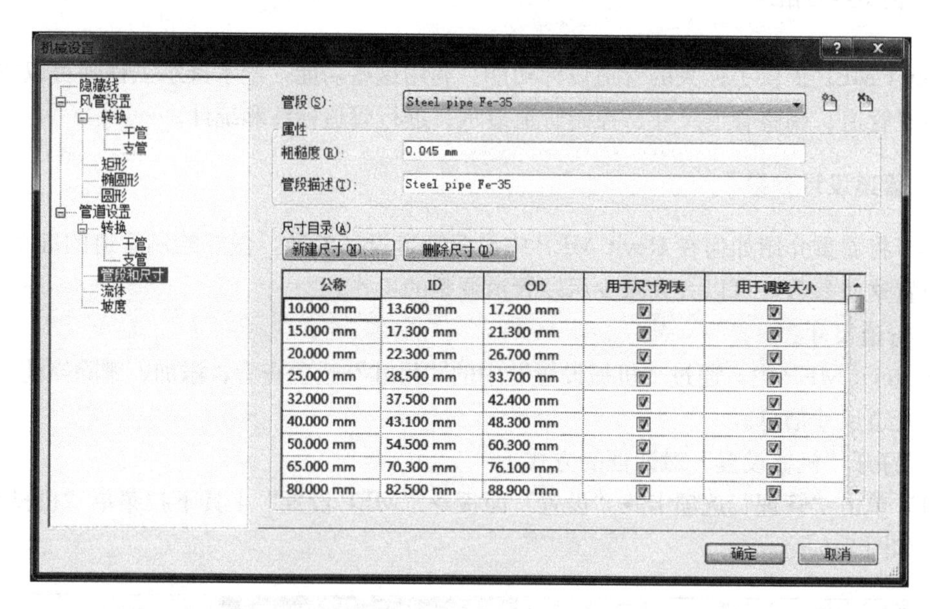

图 3-3

单击“新建尺寸”或“删除尺寸”按钮可以添加或删除管道的尺寸。新建管道的公称直径和现有列表中管道的公称直径不允许重复。如果在绘图区域已绘制了某尺寸的管道，该尺寸在“机械设置”尺寸列表中将不能删除，需要先删除项目中的管道，才能删除“机械设置”尺寸列表中的尺寸。

通过勾选“用于尺寸列表”和“用于调整大小”可以定义管道尺寸在项目中的应用。如果勾选某一管道尺寸的“用于尺寸列表”，该尺寸就可以被管道布局编辑器和“修改｜放置管道”中管道“直径”下拉列表调用，在绘制管道时可以直接选择选项栏中“直径”下拉列表中的尺寸，如图 3-4 所示。如果勾选某一管道的“用于调整大小”，该尺寸可以应用于软件提供的“调整风管/管道大小”功能。

2. 管道类型

这里说的管道类型是指管道和软管的族类型。管道和软管都属于系统族，无法自行创建，但可以创建、修改和删除族类型。

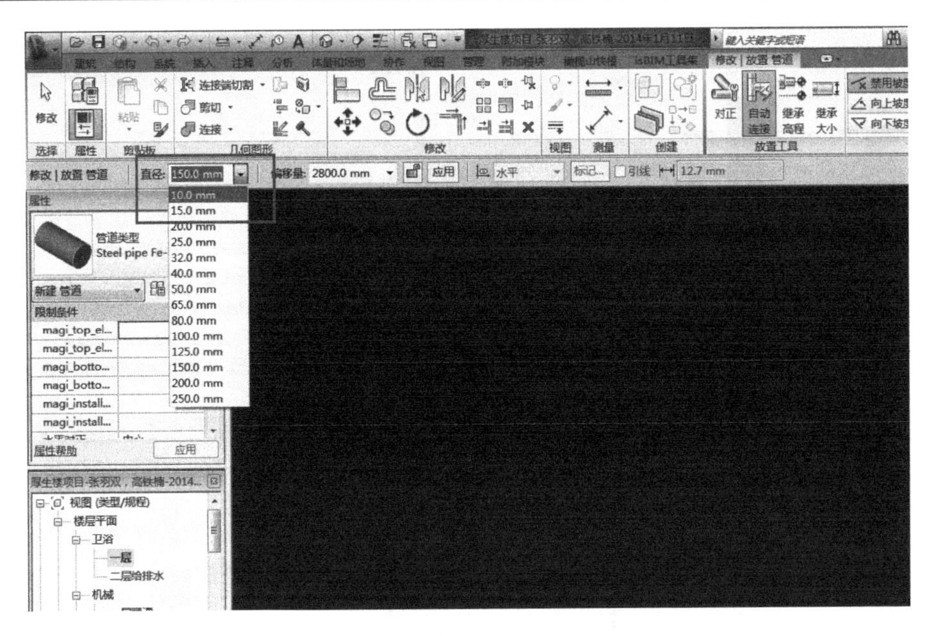

图 3-4

单击“系统”选项卡→“卫浴和管道”面板→“管道”命令，通过绘图区域左侧的“属性”对话框选择和编辑管道的类型，如图 3-5 所示。“Mechanical-Default _ CHSCHS. rte”项目样板文件中默认配置了两种管道类型：“PVC-U”和“标准”。“标准”管道类型如图 3-5 所示。

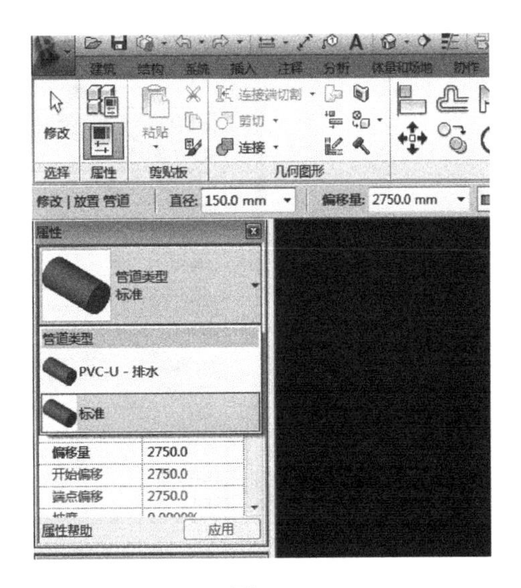

图 3-5

单击“编辑类型”，打开管道“类型属性”对话框，可以对管道类型进行配置，如图 3-6 所示。在“类型属性”对话框中。“机械”组别下定义的是和管道属性相关的参数，如：“粗糙度”、“材质”、“连接类型”和“类别”，与“机械设置”对话框中“尺寸”中的参数相对应。其中，“连接类型”对应“连接”，“类别”对应“明细表｜类型”。

通过在“管件”列表中配置各类型管件族，可以指定绘制管道时自动添加到管路中的管件。以下管件类型可以在绘制管道时自动添加到管道中：弯头、T 形三通、接头、四通、过渡件、活接头和法兰。不能在“管件”列表中选取的管件类型，需要手动添加到管道系统中，如 Y 形三通、斜四通等。

也可用类似方法定义软管类型。

单击“系统”选项卡→“卫浴和管道”面板→“软管”命令，在“属性”对话框中单击“编辑类型”，打开软管“类型属性”对话框，如图 3-7 所示。和管道不同的是，软管的“粗糙度”可以直接在族类型属性中输入。

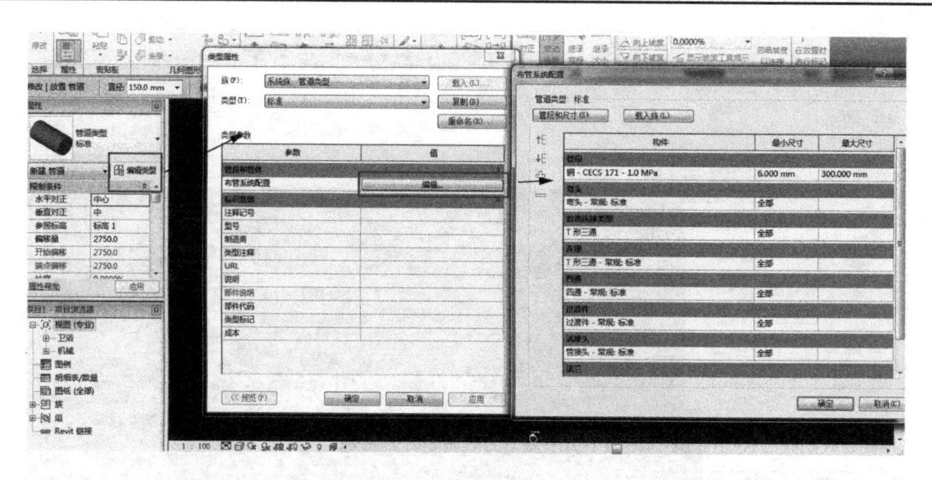

图 3-6

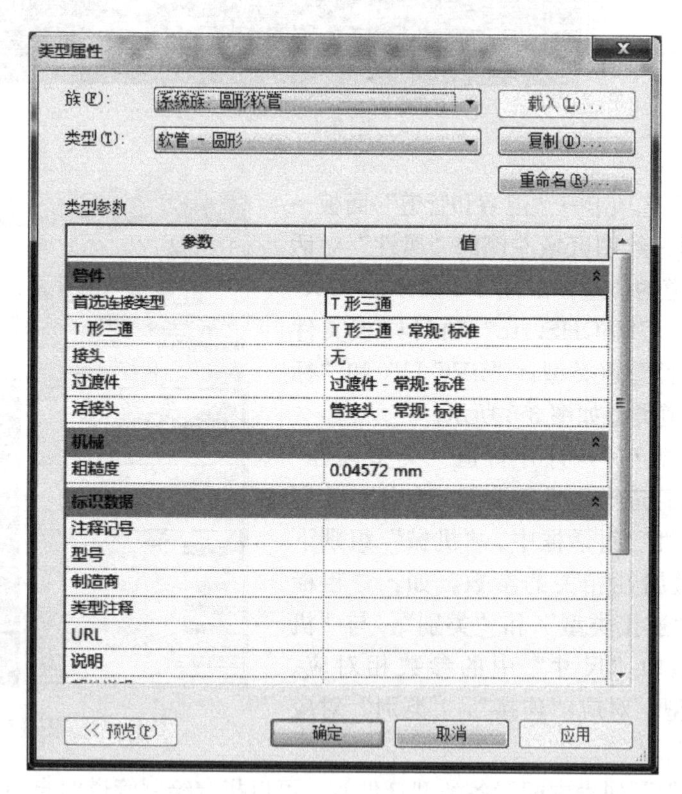

图 3-7

3. 流体设计参数

除了定义管道的各种设计参数外，在 Revit MEP 中还能对管道中流体的设计参数进行设置，提供管道水力计算依据。在“机械设置”对话框中，“管段和尺寸”选项下方是“流体”选项。单击“流体”，通过右侧面板可以对不同温度下的流体进行“黏度”和“密度”设置，如图 3-8 所示。Revit MEP 输入的有“水”、“丙二醇”和“乙二醇”三种流体。和“尺寸”选项中的“新建尺寸”和“删除尺寸”类似，可通过“新建温度”和“删除温度”对流体设计参数进行编辑。

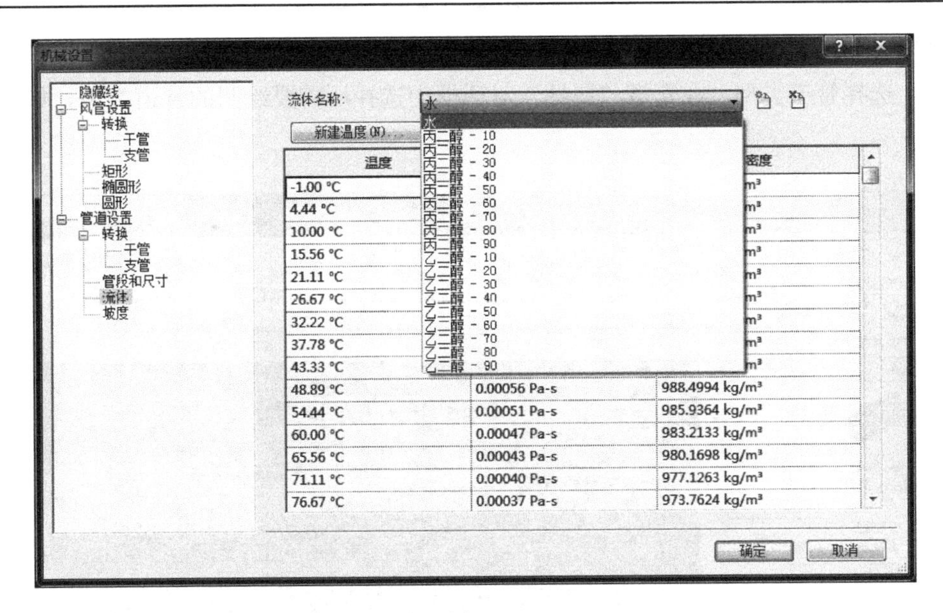

图 3-8

3.1.2　管道绘制

本节将介绍在 Revit MEP 中绘制管道的方法和要点。

1. 基本操作

在平面视图、立面视图、剖面视图和三维视图中均可绘制管道。

进入管道绘制模式有以下方式：

(1) 单击“系统”选项卡→“卫浴和管道”面板→“管道”命令，如图 3-9 所示。

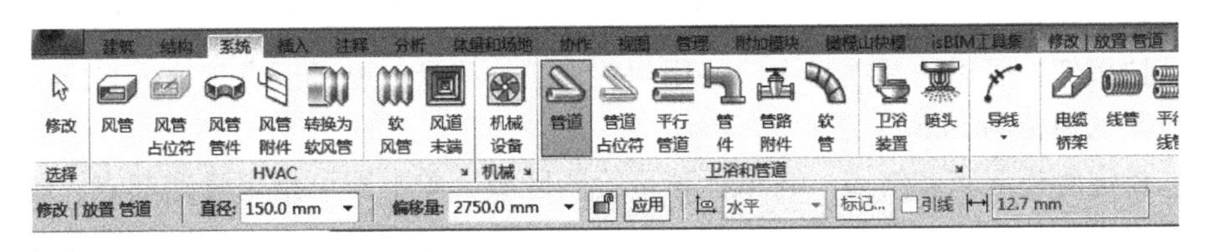

图 3-9

(2) 选中绘图区已布置构件族的管道连接件，右击鼠标，单击快捷键菜单中的“绘制管道”。

(3) 直接键入 PI。

进入管道绘制模式后，“修改 | 放置 管道”选项卡和“修改 | 放置 管道”选项栏被同时激活，如图 3-10 所示。

图 3-10

按照以下步骤手动绘制管道：

(1) 选择管道类型。在管道“属性”对话框中选择所需要绘制的管道类型，如图 3-11 所示。

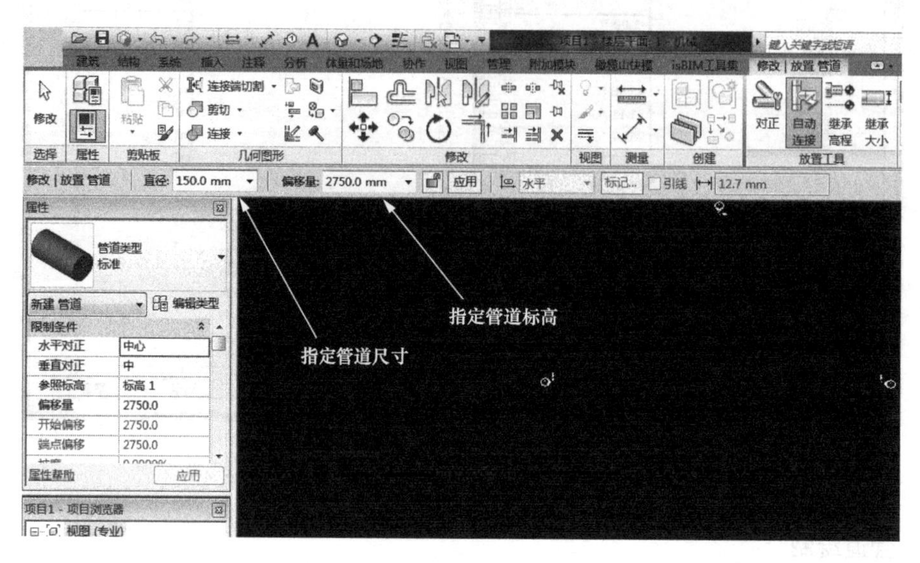

图 3-11

(2) 选择管道尺寸。单击“修改 | 放置 管道”选项栏上“直径”右侧下拉按钮，选择在“机械设置”中设定的管道尺寸。也可以直接输入欲绘制的管道尺寸，如果在下拉列表中没有该尺寸，系统将从列表中自动选择和输入尺寸最接近的管道尺寸。

(3) 指定管道偏移。默认“偏移量”是指管道中心线相对于当前平面标高的距离。重新定义管道“对正”方式后，“偏移量”指定的距离含义将发生变化。在“偏移量”选项中单击下拉按钮，可以选择项目中已经用到的管道偏移量，也可以直接输入自定义的偏移量数值，默认单位为 mm。

(4) 指定管道起点和终点。将鼠标移至绘图区域，单击即可指定管道起点，移动至终点位置再次单击，完成一段管道的绘制。可以继续移动鼠标绘制下一管段，管道将根据管路布局自动添加在“类型属性”对话框中预设好的管件。绘制完成后，按“Esc”键或者右键鼠标选择“取消”，退出管道绘制命令。

2. 管道对齐

(1) 绘制管道

在平面视图和三维视图中绘制管道时，可以通过“修改 | 放置 管道”选项卡中的“对正”命令指定管道的对齐方式。单击“对正”，打开“对正设置”对话框，如图 3-12 所示。

(2) 水平对正

“水平对正”用来指定当前视图下相邻管段之间水平对齐方式。“水平对正”方式有：“中心”、“左”和“右”。

(注：“水平对正”后的效果还与画管方向有关，如果自左向右绘制管道，选择不同“水平对正”方式的绘制效果如图 3-13 所示。)

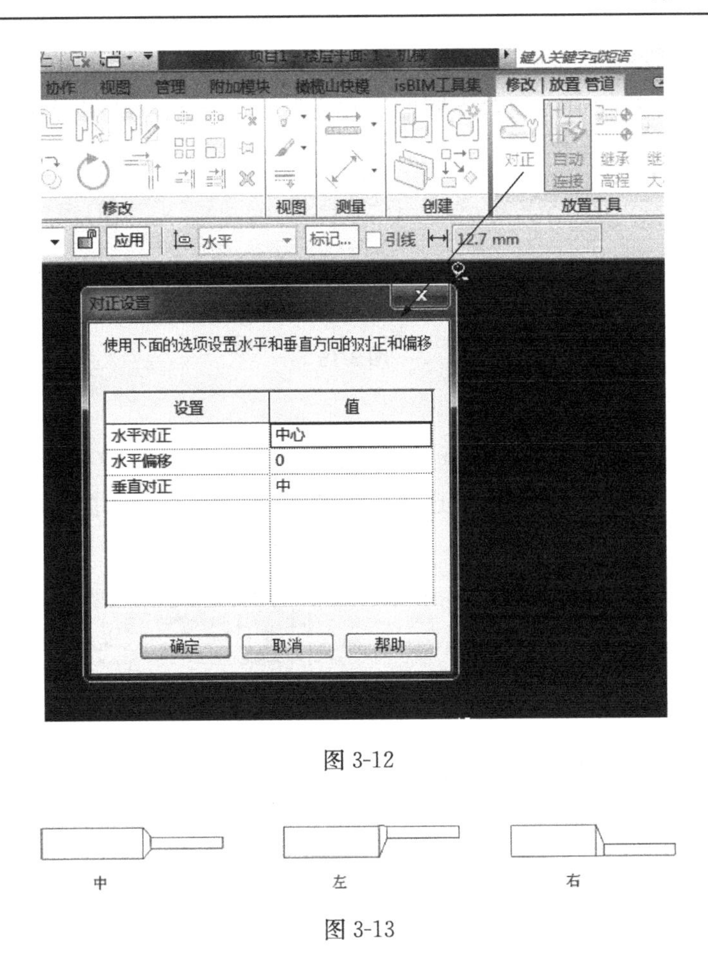

图 3-12

中　　　　左　　　　右

图 3-13

（3）水平偏移

“水平偏移”用于指定管道绘制起始点位置与实际管道绘制位置之间的偏移距离。该功能多用于指定管道和墙体等参考图元之间的水平偏移距离。

比如，设置“水平偏移”值为 500mm 后，捕捉墙体中心线绘制宽度为 100mm 的直段，这样实际绘制位置是按照“水平偏移”值偏移墙体中心线的位置。同时，该距离还与“水平对齐”方式及画管方向有关，如果自左向右绘制管道，3 种不同的水平对正方式下管道中心线到墙中心线的距离如图 3-14 中标注所示。

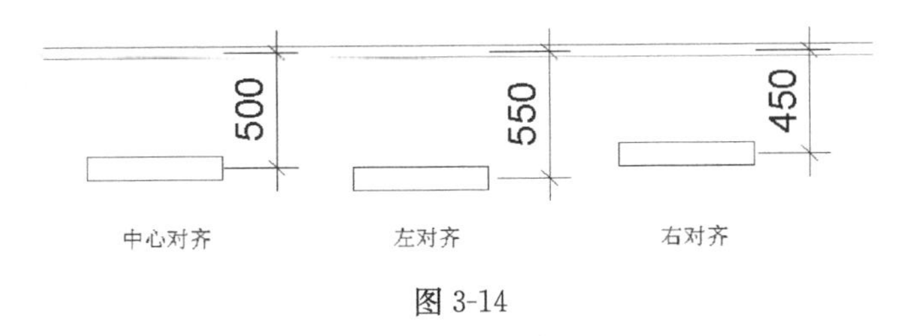

图 3-14

（4）垂直对正

“垂直对正”用来指定当前视图下相邻管段之间垂直对齐方式。“垂直对正”方式有：“中”、“底”、“顶”。

“垂直对正”的设置会影响“偏移量”，如图 3-15 所示。当默认偏移量为 100mm 时，公称管径为 100mm 的管道，设置不同的“垂直对正”方式，绘制完成后的管道偏移量（即管中心标高）会发生变化。

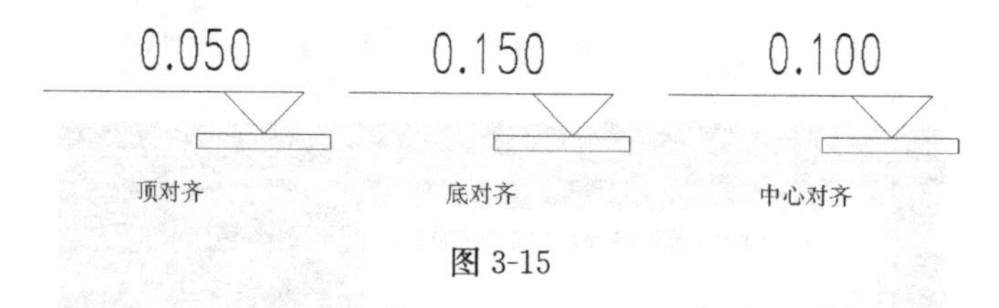

图 3-15

3. 自动连接

在“修改 | 放置 管道”选项卡中的“自动连接”命令用于某一段管道开始或结束时自动捕捉相交管道，并添加管件完成连接，如图 3-16 所示。默认情况下，这一选项是勾选的。

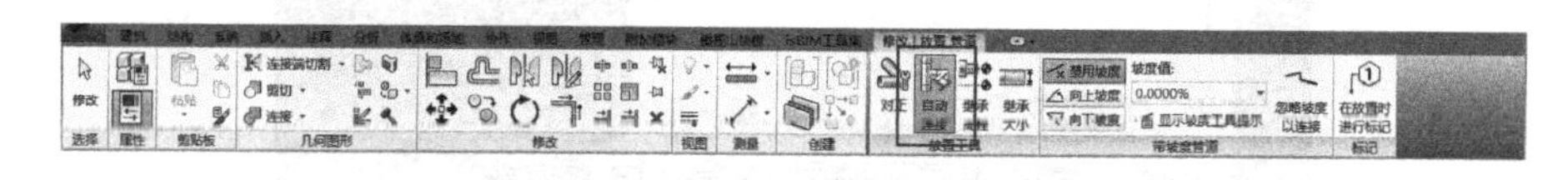

图 3-16

当勾选“自动连接”时，在两管段相交位置会自动生成四通，如图 3-17（*a*）所示；如果不勾选，则不生成管件，如图 3-17（*b*）所示。

4. 坡度设置

在 Revit MEP 中，可以在绘制管道的同时指定坡度，也可以在管道绘制结束后再进行管道坡度的编辑。

1）直接绘制坡度

在“修改 | 放置 管道”选项卡>“带坡度管道”面板上可以直接指定管道坡度，如图 3-18 所示。

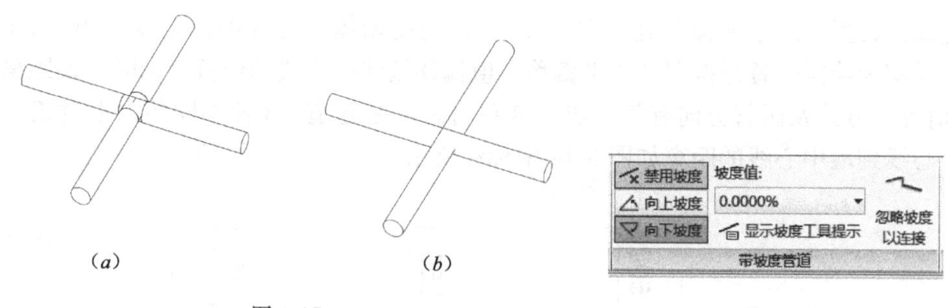

图 3-17　　　　图 3-18

允许输入坡度数值并指定坡度方向。通过单击 向上坡度 可以修改向上坡度数值，单击 向下坡度 可以修改向下坡度数值。图 3-19 显示了当偏移量为 100mm，坡度为 0.50%，2000mm 管道应用正、负坡度后画出的不同管道。

2）编辑管道坡度

编辑管道坡度有两种方法：

（1）选中某管段，单击并修改其起点和终点标高来获得管道坡度，如图 3-20 所示。

当管段上的坡度符号出现时，也可以单击该符号修改坡度值。

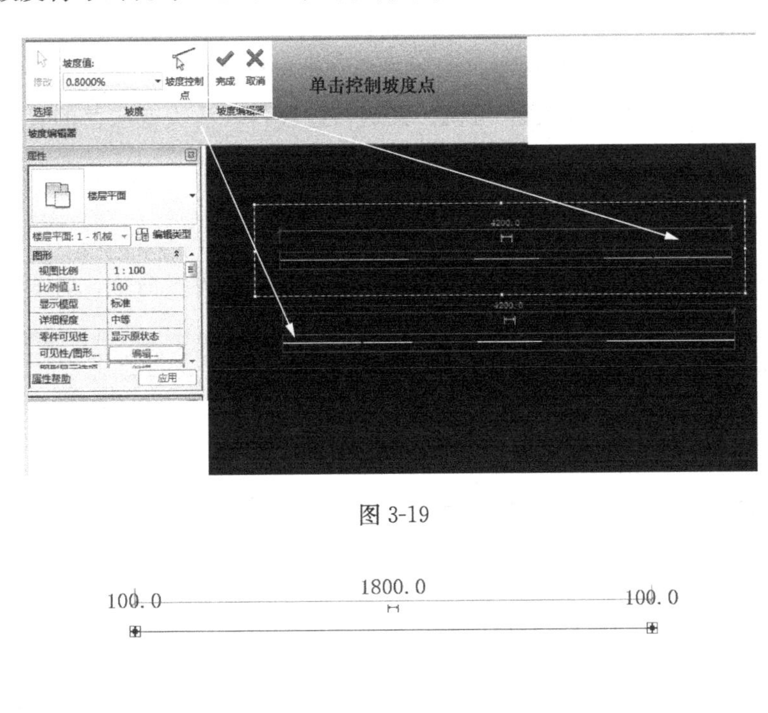

图 3-19

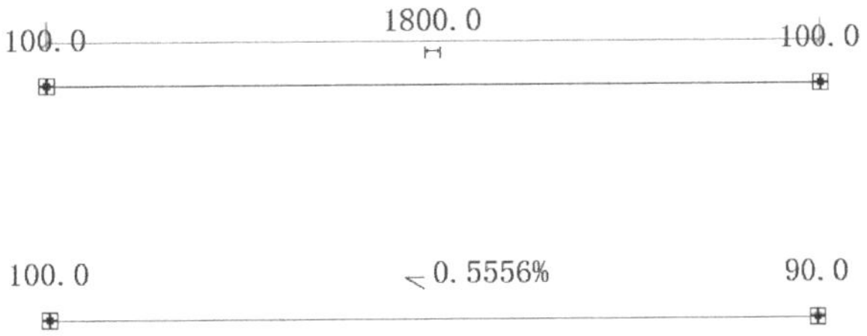

100.0　　1800.0　　100.0

100.0　　0.5556%　　90.0

图 3-20

（2）选中某管段，单击功能区中“修改｜管道”选项卡中的“坡度”，激活“坡度编辑器”选项卡和“坡度编辑器”选项栏，如图 3-21 所示。在“坡度编辑器”选项栏可以输入坡度值，并可通过单击 来调整坡度方向。同样，如果输入负的坡度值，将反转当前选择的坡度方向。

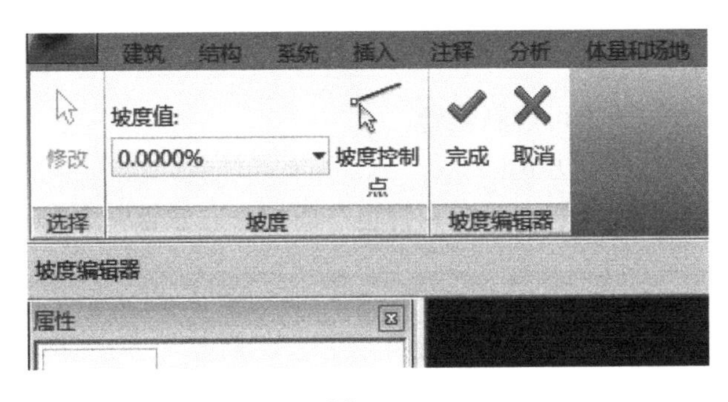

图 3-21

5. 管件的使用

管路中包含大量连接管道的管件。下面将介绍绘制管道时管件的使用方法和注意事项。

在平面视图、立面视图、剖面视图和三维视图都可以放置管件。放置管件有两种方法：

1）自动添加

在绘制管道过程中自动加载的管件需在管道“类型属性”对话框中指定。部件类型是弯头、T形三通、接管-垂直、接管-可调、四通、过渡件、活头或法兰的管件，才能被自动加载。

2）手动添加

进入“修改｜放置 管件”模式有以下方式：

（1）单击“系统”选项卡→“卫浴和管道”面板→“管件”命令，如图3-22所示。

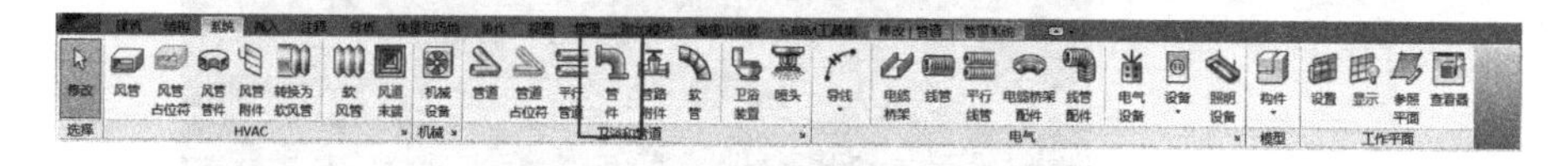

图 3-22

（2）在项目浏览器中，展开“族”→“管件”，将“管件”下的族直接拖到绘图区域。

（3）直接键入PF。

6. 管路附件设置

在平面视图、立面视图、剖面视图和三维视图中均可放置管路附件。

进入“修改｜放置 管路附件”模式有以下方式：

（1）单击“系统”选项卡→“卫浴和管道”面板→“管路附件”命令，如图3-23所示。

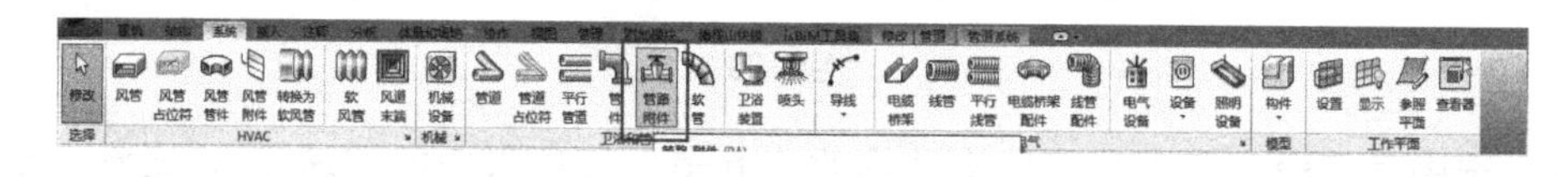

图 3-23

（2）在项目浏览器中，展开“族”→“管路附件”，将“管路附件”下的族直接拖到绘图区域。

（3）直接键入PA。

7. 软管绘制

在平面视图和三维视图中可绘制软管。

进入软管绘制模式有以下方式：

（1）单击“系统”选项卡→“卫浴和管道”面板→“软管”命令，如图3-24所示。

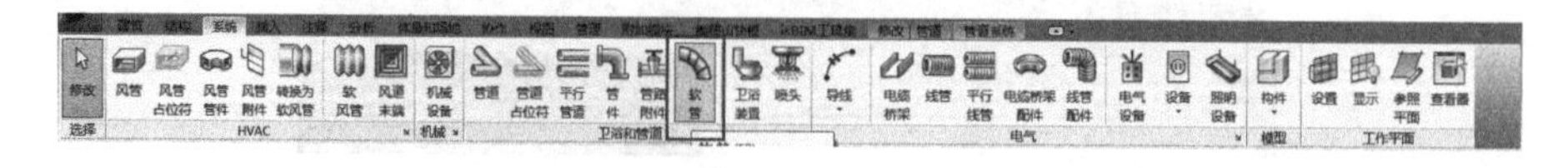

图 3-24

（2）选中绘图区已布置构件族的管道连接架，右击鼠标，单击快捷菜单中的“绘制软管”。

（3）直接键入FP。

进入软管绘制模式后，“修改｜放置 软管”选项卡和“修改｜放置 软管”选项栏被同时激活，如图 3-25 所示。

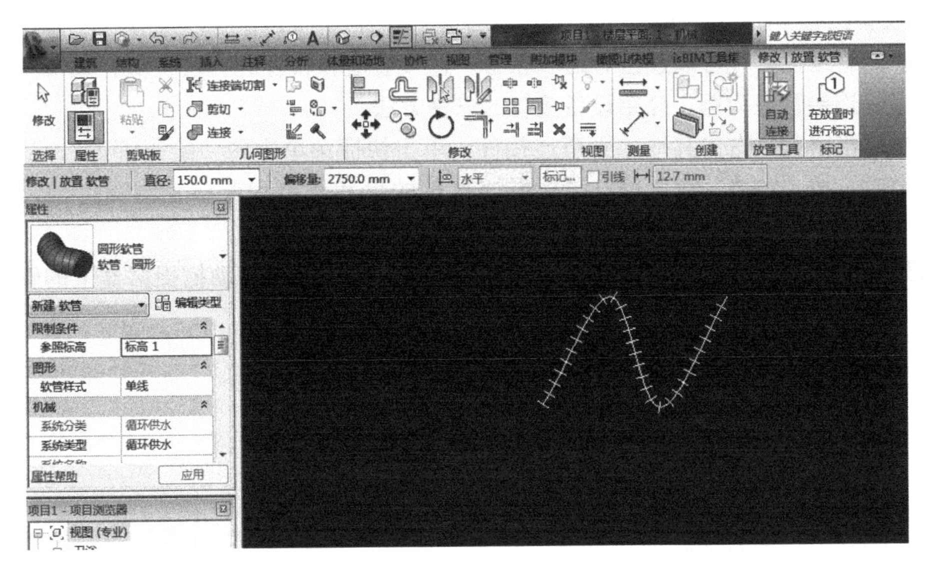

图 3-25

按照以下步骤来绘制软管：

（1）选择软管类型。在软管“属性”对话框中选择所需要绘制的软管类型，如图 3-25 所示。

选择软管管径。单击功能区中“修改 | 放置 软管”选项栏上“直径”右侧下拉按钮，选择软管尺寸。也可以直接输入欲绘制的软管尺寸，如果在下拉列表中没有该尺寸，系统将从列表中自动选择和输入尺寸最接近的软管尺寸。

（2）指定软管偏移。默认“偏移量”是指软管中心线相对于当前平面标高的距离。在“偏移量”选项中单击下拉按钮，可以选择项目中已经用到的软管偏移量，也可以直接输入自定义的偏移量数值，默认单位为 mm。

（3）指定软管起点和终点。在绘图区域中，单击指定软管的起点，沿着软管的路径在每个拐点单击鼠标，最后在软管终点单击“Esc”键或右击鼠标选择“取消”。如果软管的终点是连接到某一管道或某一设备的管道连接件，可以直接单击所要连接的连接件，以结束软管绘制。

（4）修改软管

在软管上拖拽两端连接件、顶点和切点，可以调整软管路径，如图 3-26 所示。

连接件：出现在软管的两端，允许重新定位软管的端点。通过连接件，可以将软管与另一构件的管道连接件连接起来，或断开与该管道连接件的连接。

顶点：沿软管的走向分布，允许修改软管的拐点。在软管上单击鼠标右键，在快捷菜单中可以“插入顶点”或“删除顶点”。使用顶点可在平面视图中以水平方向修改软管的形状，在剖面视图或里面视图中以垂直方向修改软管的形状。

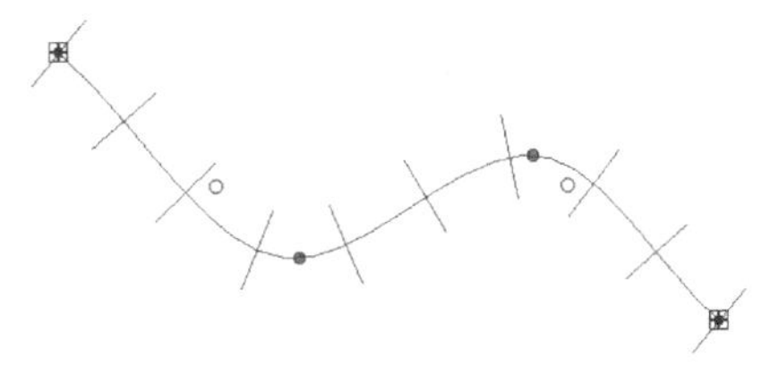

图 3-26

切点：出现在软管的起点和终点，允许调整

软管的首个和末个拐点处的连接方向。

8. 设备接管

设备的管道连接件可以连接管道和软管。连接管道和软管的方法类似，本节将以浴盆管道连接件连接管道为例，介绍设备接管的三种方法。

(1) 单击浴盆，右击其冷水管道连接件，单击快捷菜单中的“绘制管道”，从连接件绘制管道时，按“空格”键，可自动根据连接件的尺寸和高程调整绘制管道的尺寸和高程。如图 3-27 所示。

直接拖动已绘制的管道到相应的浴盆管道连接件，管道将自动捕捉浴盆上的管道连接件，完成连接，如图 3-28 所示。

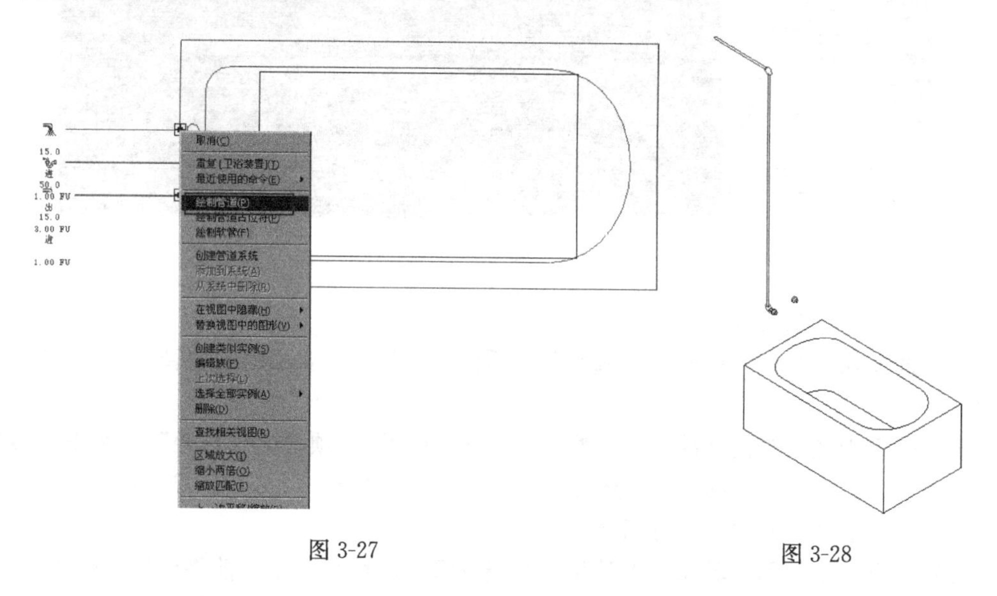

图 3-27　　　　图 3-28

(2) 使用“连接到”功能为浴盆连接管道，可以便捷地完成设备连管，如图 3-29 所示。

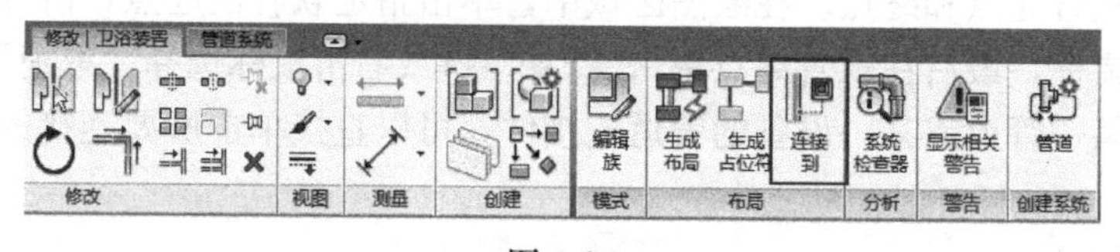

图 3-29

(3) 将浴盆放置到某指定位置，并绘制欲连接冷水管。选中浴盆，并单击选项卡中的“连接到”。选择冷水连接件，单击已绘制的管道。完成连管。

9. 管道的隔热层

Revit MEP 可以为管道管路添加隔热层。分别编辑管道和管件的隔热层属性，输入所需要的隔热层厚度，将视觉样式设置为“线框”时，可清晰看到隔热层，如图 3-30 所示。

3.1.3 管道显示

在 Revit MEP 中，可以通过很多方式来控制管道的显示，以满足不同的设计和出图需求。

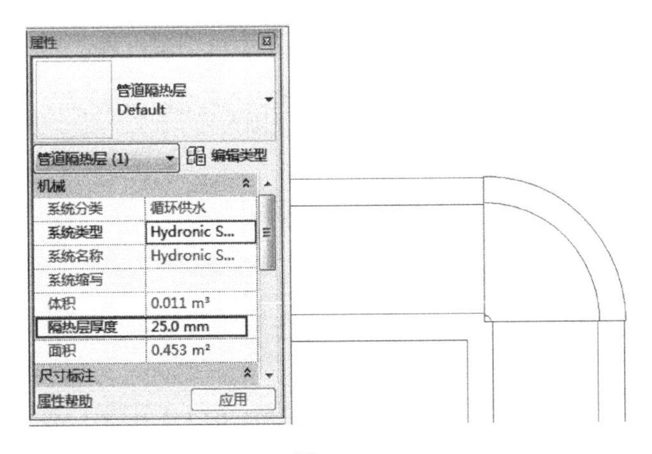

图 3-30

1. 视图详细程度

Revit MEP 的视图可以设置 3 种详细程度：粗略、中等和精细，视图控制栏如图 3-31 所示。

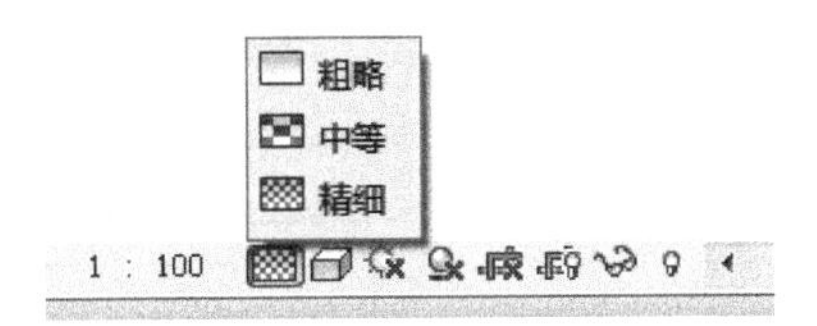

图 3-31

在粗略和中等详细程度下，管道默认为单线显示，在精细视图下，管道默认为双线显示，见表 3-1。管道在三种详细程度下的显示不能自定义修改，必须使用软件默认设置。在创建管件和管路附件等相关族的时候，应注意配合管道显示特性，尽量使管件和管路附件在粗略和中等详细程度下单线显示，精细视图下双线显示，确保管路看起来协调一致。

管道在不同详细程序下的显示　　**表 3-1**

详细程度	粗略	中等	精细
平面视图	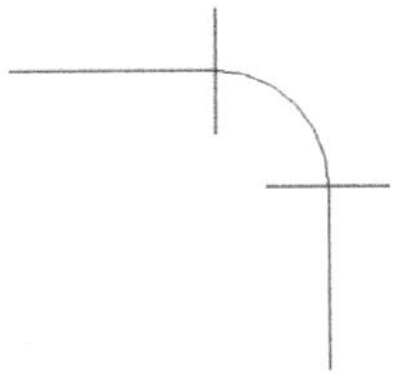	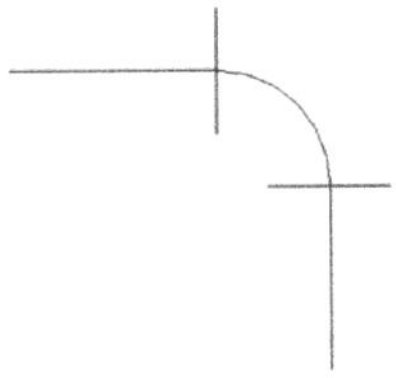	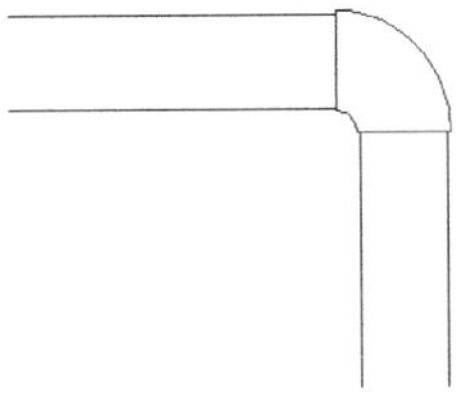
三维视图			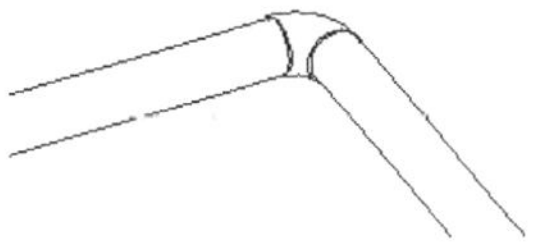

2. 可见性/图形替换

单击“视图”选项卡→“图形”面板→“可见性/图形替换”命令，或者通过快捷键 VG 或 VV 打开当前视图的“可见性/图形替换”对话框。

(1) 模型类别

管道可见性在“模型类别”选项卡中可以设置。既可以根据整个管道族类别来控制，也可以根据管道族的子类别来控制。勾选表示可见，不勾选表示不可见。设置如图 3-32

所示，表示管道族中的隔热层子类别不可见，其他子类别都可见。

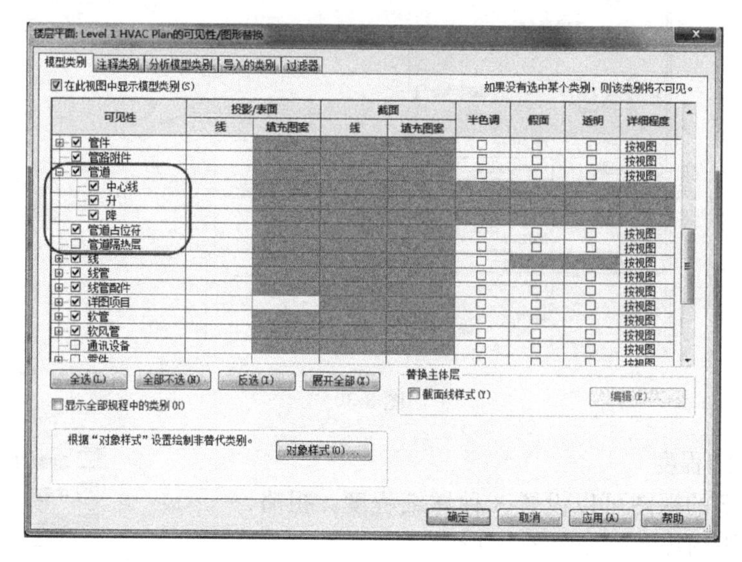

图 3-32

“模型类别”选项卡中右侧的“详细程度”选项还可以控制管道族在当前视图显示的详细程度。默认情况下为“按视图”，遵守“粗略和中等管道单线显示，精细管道双线显示”的原则。也可以设置为“粗略”、“中等”或“精细”，这时候，管道的显示将不依据当前视图详细程度的变化而变化，而始终依据所选择的详细程度。

（2）过滤器

对于当前视图上的管道、管件和管路附件等，如需要依据某些原则进行隐藏或区别显示，那么可以使用“过滤器”功能，如图 3-33 所示。这一方法在分系统显示管路上用得很多。

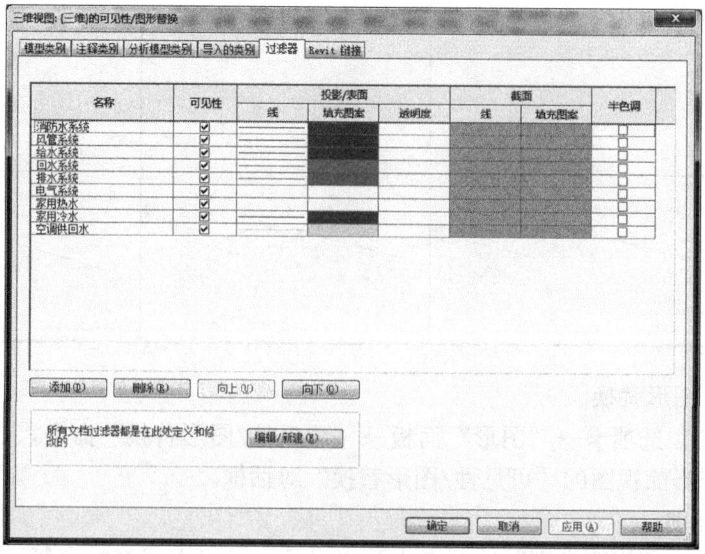

图 3-33

单击“编辑/新建”按钮，打开“过滤器”对话框，如图 3-34 所示，可以新建或编辑“过滤器”。“过滤器”能针对一个或者多个族类别，“过滤条件”可以是系统自带的参数，也可以是创建项目参数或者共享参数。

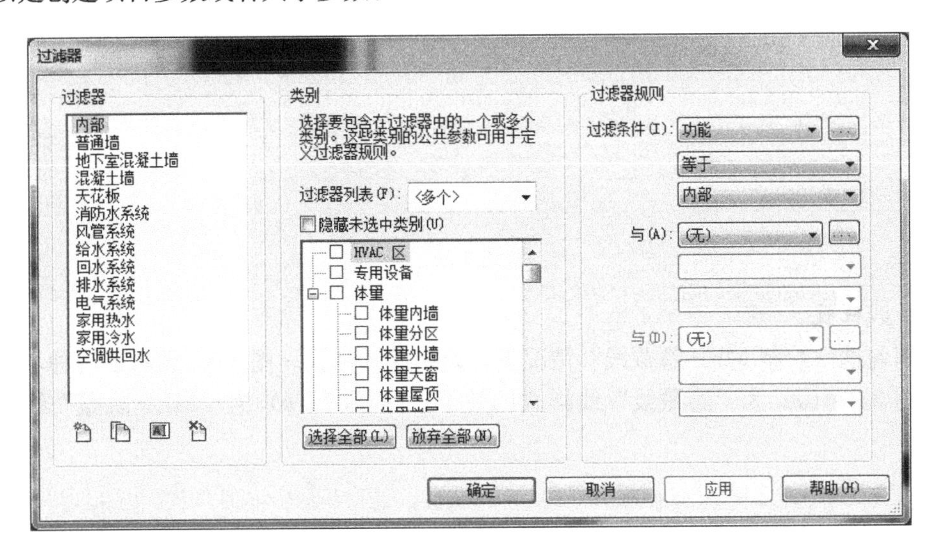

图 3-34

3. 隐藏线

除了以上管道的显示控制，“机械设置”还有一个公用选项“隐藏线”，如图 3-35 所示，用于设置图元之间交叉、发生遮挡关系时的显示。

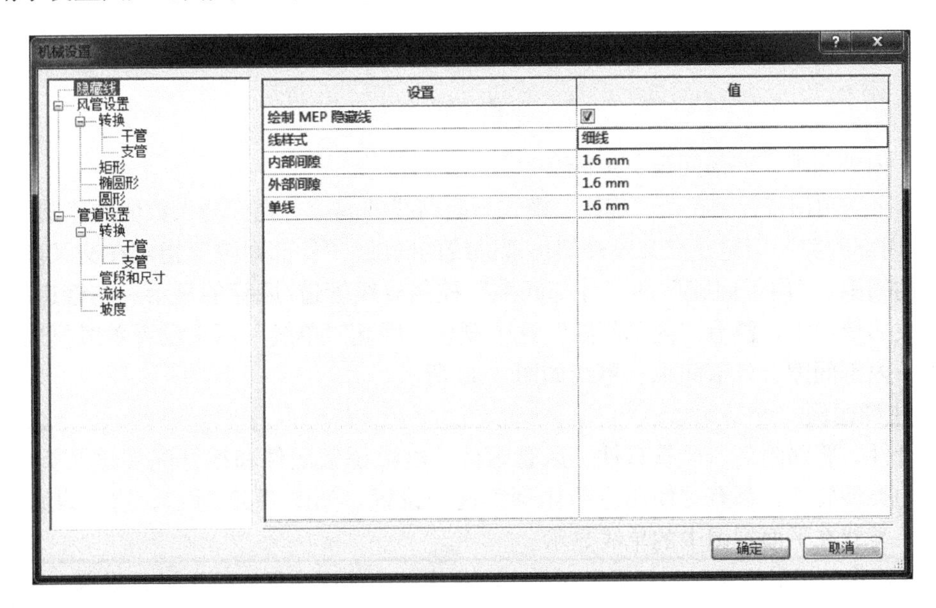

图 3-35

在左侧面板中，单击“隐藏线”，右侧面板中各参数的意义如下：

(1) 绘制 MEP 隐藏线

如果勾选，将按照“隐藏线”选项所指定的线样式和间隙来绘制管道。图 3-36（a）

为不勾选“绘制 MEP 隐藏线”的效果，图 3-36（*b*）为勾选的效果。

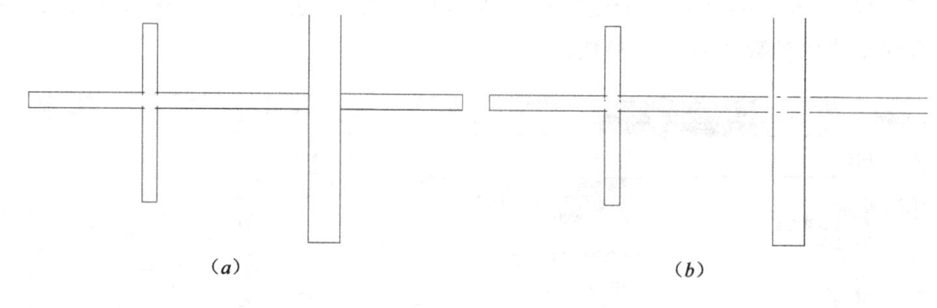

（*a*）（*b*）

图 3-36

（2）线样式

控制勾选“绘制 MEP 隐藏线”情况下，遮挡线的样式。图 3-37 显示了两种不同的线样式，图 3-37（*a*）为“隐藏线”线样式的效果，图 3-37（*b*）为“MEP 隐藏”线样式的效果。

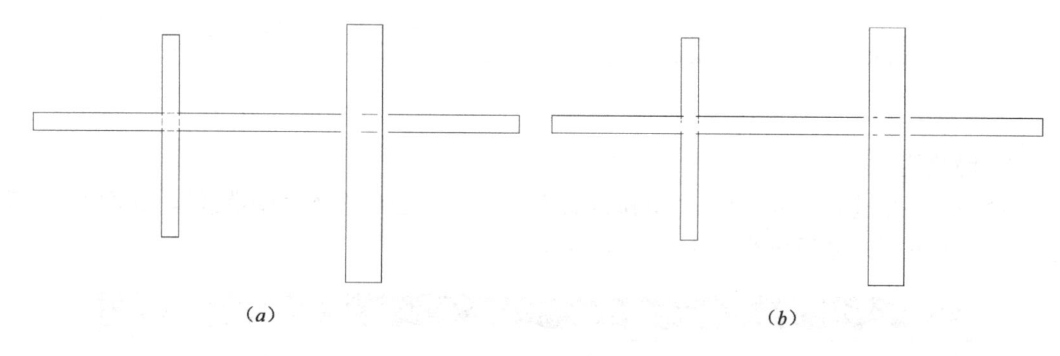

（*a*）（*b*）

图 3-37

（3）内部间隙、外部间隙、单线

这 3 个选项用来控制在非“细线”模式下隐藏线的间隙，允许输入数值的范围为 0.0～19.1。“内部间隙”指定在交叉段外部出现的线的间隙。“外部间隙”指定在交叉段外部出现的线的间隙。“内部间隙”和“外部间隙”控制双线管道/风管的显示。在管道/风管显示为单线的情况下，没有“内部间隙”这个概念，因此“单线”用来设置单线模式下的外部间隙。内部间隙、外部间隙、单线如图 3-38 所示。

4. 注释比例

在管件、管路附件、风管管件、风管附件、电缆桥架配件和线管配件这几类族当中，编辑族的类型属性，都有“使用注释比例”这个设置，如图 3-39 所示。这一设置用来控制上述几类族在平面视图中的单线显示。

另外，在“机械设置”中只可以对整个项目中的“使用注释比例”进行设置，如图 3-40 所示。默认情况下，这个设置是勾选的。如果取消勾选后，后续绘制的相关族将不再使用注释比例，但之前已经出现的相关族不会被更改。

3.1.4 管道标注

管道的标注在设计过程中是必不可少的。本节将介绍如何在 Revit MEP 中进行管道的各种标注，包括尺寸标注、编号标注、标高标注和坡度标注。

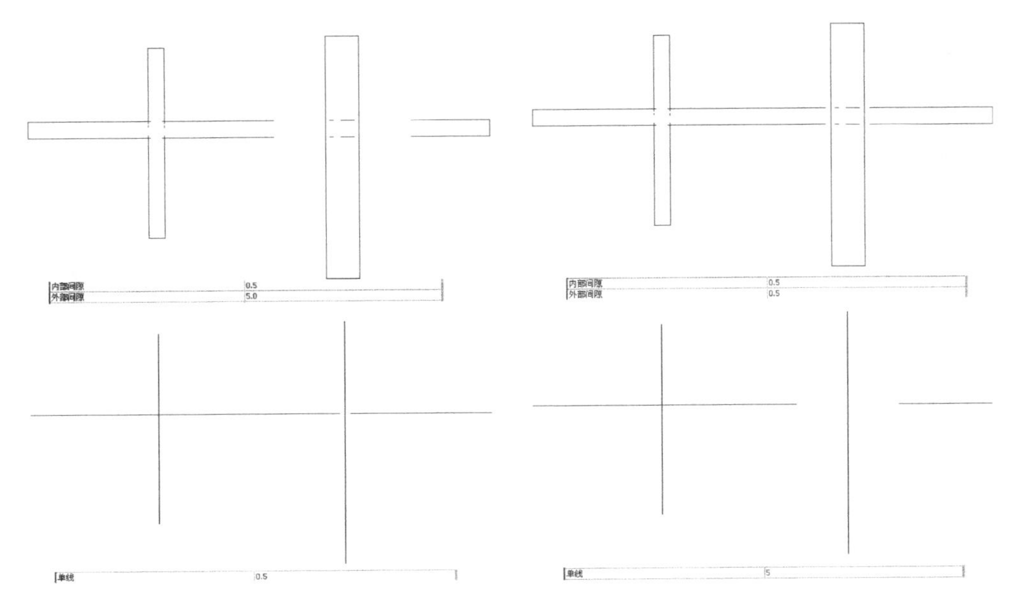

图 3-38

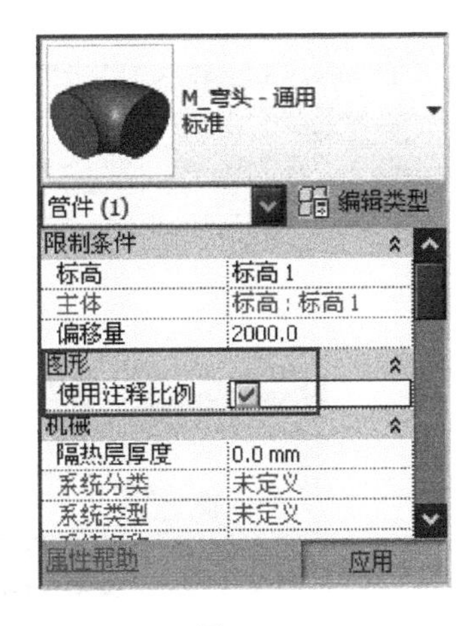

图 3-39

管道尺寸和管道编号是通过注释符号族来标注，在平面、立面和剖面可用。而管道标高和坡度则是通过尺寸标注系统族来标注，在平面、立面、剖面和三维视图均可用。

1. 尺寸标注

1）基本操作

Revit MEP 中自带的管道注释符号族“M _ 管道尺寸标记”可以用来进行管道尺寸标注，有以下两种方式。

（1）管道绘制的同时进行管径标注。进入绘制管道模式后，单击“修改 | 放置 管道”选项卡→“标记”面板→“在放置时进行标记”命令，如图 3-41 所示。

绘制出的管道将会自动完成管径标注，如图 3-42 所示。

（2）管道绘制后再进行管径标注。单击“注释”选项卡→“标记”面板下拉菜单中的“载入的标记”，如图 3-43 所示，就能查看到当前项目文件中加载的所有的标记族。当某个族类别下加载有多个标记族时，排在第一位的标记族为默认的标记族。当单击“按类别标记”后，Revit MEP 将默认使用“M _ 管道尺寸标记”对管道族进行管径标记。

单击“注释”选项卡→“标记”面板→“按类别标记”命令，鼠标移至待标注的管道上，如图 3-44 所示。小范围移动鼠标可以选择标注出现在管道上方还是下方，确定注释位置后，单击即完成管径标注。

2）标记修改

在标注完成后，Revit MEP 还提供以下功能，方便修改标记，如图 3-45 所示。

（1）“水平”、“竖直”可以控制标记是水平还是竖直放置。

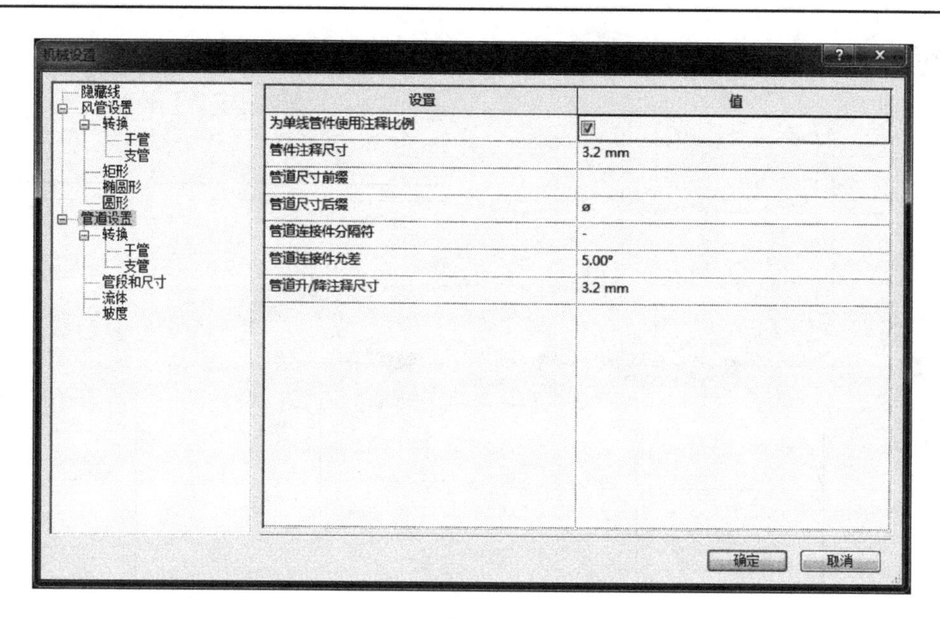

图 3-40

图 3-41

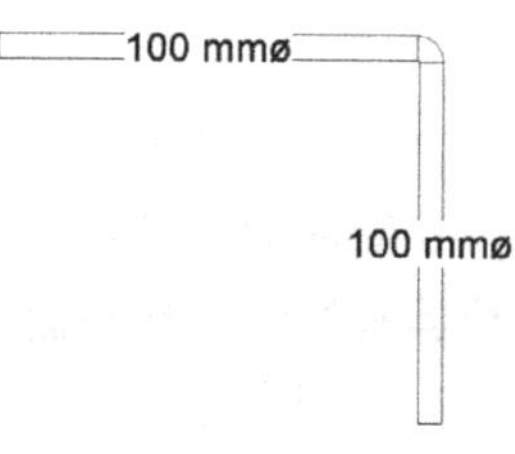

图 3-42

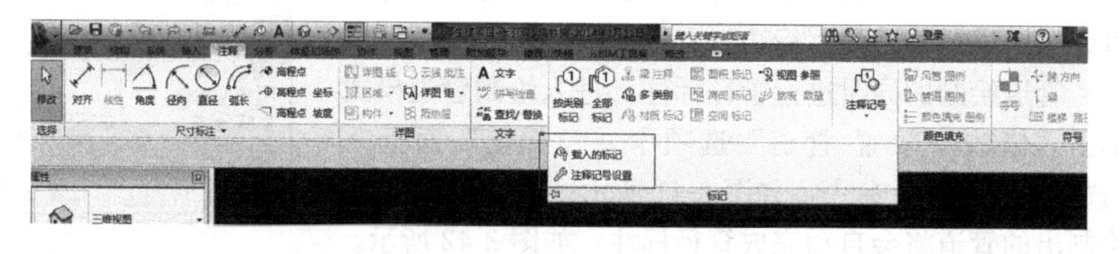

图 3-43

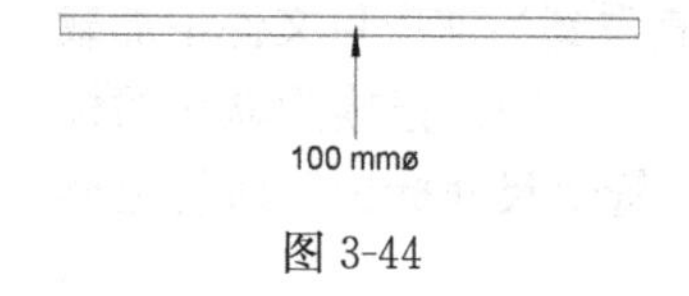

图 3-44

（2）可以通过勾选“引线”，选择“引线”可见还是不可见。

（3）在勾选“引线”可见时，可选择引线为“附着端点”或是“自由端点”。“附着端点”时，引线的一个端点固定在被标记图元上，“自由端点”时。引线两个端点都不固定，可进行调整。

2. 尺寸注释符号族修改

Revit MEP 中自带的管道注释符号族“M _ 管道尺寸标记”和国内常用的管道标注有些许不同，可以按照以下步骤进行修改。

（1）在族编辑器中打开“M _ 管道尺寸标记 . rfa”。

（2）选中已设置的标签“尺寸”，在“修改标签”选项卡中单击“编辑标签”。

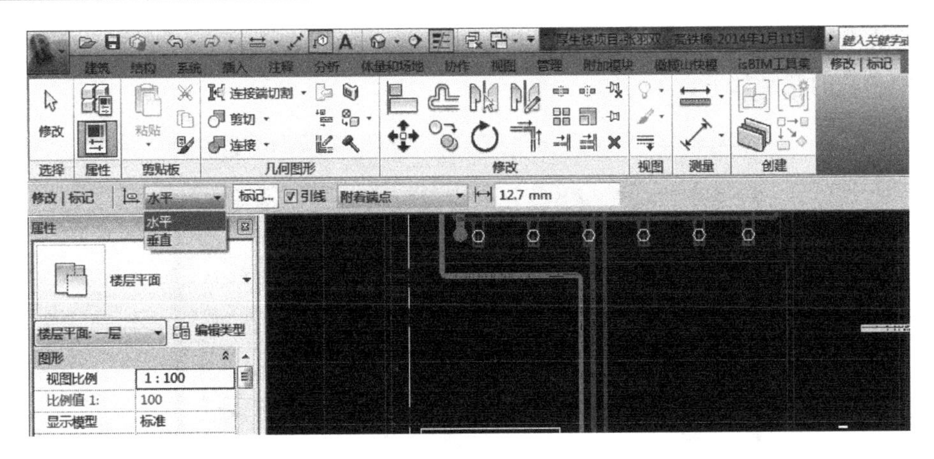

图 3-45

（3）删除已选标签参数“尺寸”。

（4）添加新的标签参数“直径”，并在“前缀”列中输入“DN”，如图 3-46 所示。

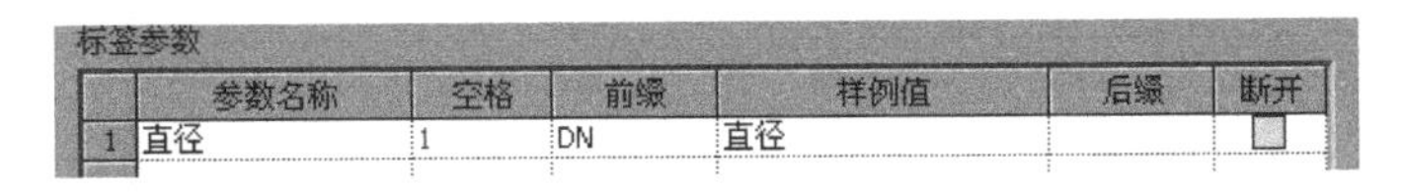

标签参数

	参数名称	空格	前缀	样例值	后缀	断开
1	直径	1	DN	直径		☐

图 3-46

（5）将修改后的族重新加载到项目环境中。

（6）单击“管理”选项卡→“设置”面板→“项目单位”命令，选择“管道”规程下的“管道尺寸”，将“单位符号”设置为“无”。

（7）按照前面介绍的方法，进行管道尺寸标注，如图 3-47 所示。

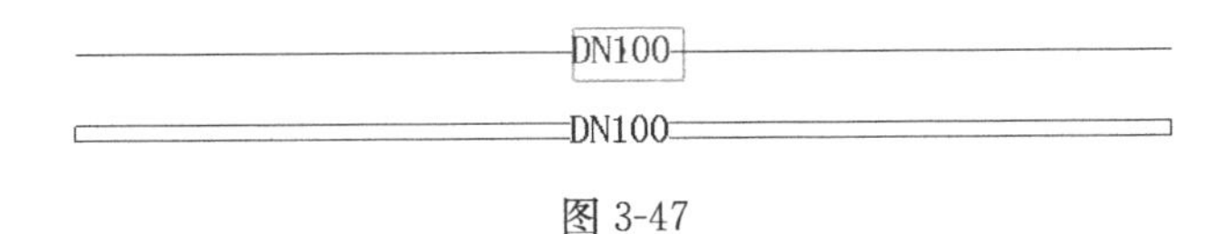

图 3-47

3. 标高标注

在 Revit MEP 中，单击“注释”选项卡→“尺寸标注”面板→“高程点”命令来标注管道标高，如图 3-48 所示。

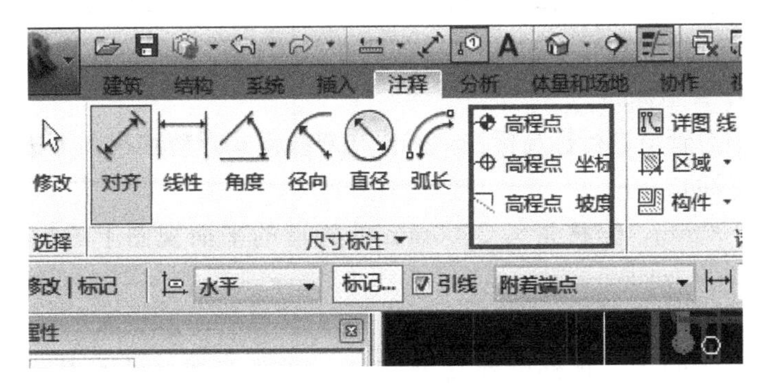

图 3-48

通过高程点族的“类型属性”对话框可以设置多种高程点符号族类型，如图 3-49 所示。其中参数的意义如下：

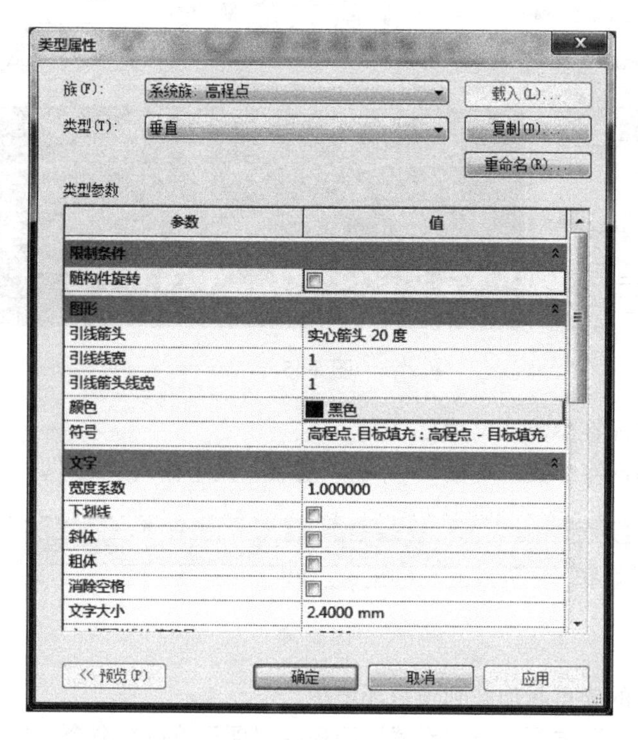

图 3-49

引线箭头：可选择各种引线端点样式。

符号：这里将出现所有建在进来的高程点符号族，选择刚载入的新建族即可。

文字与符号的偏移量：为默认情况下文字和“符号”左端点之间的距离，数值为正表明文字在“符号”左端点的左侧；数值为负则表明文字在“符号”左端点的右侧。

文字位置：控制文字和引线的相对位置，即“引线之上”、“引线之下”和“嵌入到引线中”。

高程指示器/顶部指示器/底部指示器：允许添加一些文字、字母等，以指示出现的标高是顶部标高或是底部标高。

作为前缀/后缀的高程指示器：可以选择添加的文集、字母是以前缀还是后缀的形式出现在标高中。

4. 平面视图中管道标高

在平面视图中对管道进行标高标注，需要在双线模式即精细视图下进行（在单线模式下不能进行标高标注）。

一根直径为 100mm，偏移量为 2000mm 的管道的平面视图上的标高标注如图 3-50 所示。

从图 3-50 可看出：标注管道两侧标高时，显示的是管中心标高 1.500m。标注管道中线标高时，默认显示的是管顶外侧标高 1.554m。单击管道属性查看可知，管道外径为 108mm，于是管顶外侧标高为 1.500＋0.108/2＝1.554m。

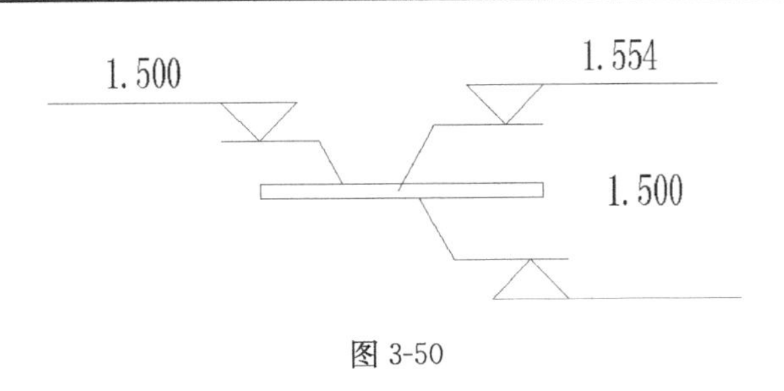

图 3-50

有没有办法显示管底标高（管底外侧标高）呢？选中标高，调整“显示高程”即可。Revit MEP 中提供了四种选择：“实际（选定）高程”、“顶部高程”、“底部高程”和“顶部和底部高程”，如图 3-51 所示。选择“顶部高程和底部高程”后，管顶和管底标高同时被显示出来。

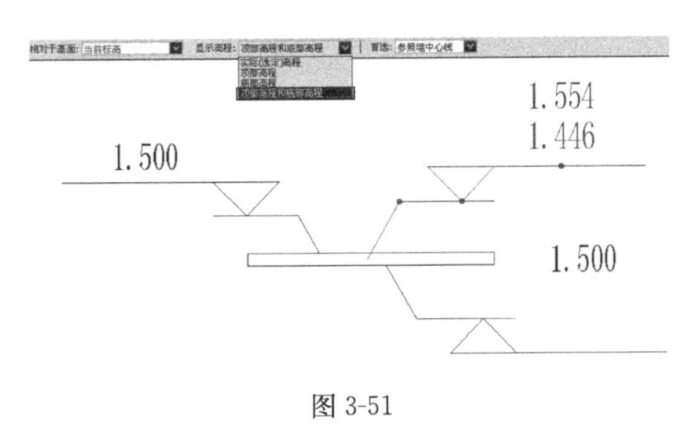

图 3-51

5. 立面视图中管道标高

和平面视图不同，立面视图中在管道单线即粗略、中等的视图情况下也可以进行标高标注，如图 3-52 所示，但此时仅能标注管中心标高。而对于倾斜管道的管道标高，斜管上的标高值将随着鼠标在管道中心线上的移动而实时更新变化。如果在立面视图上标注管顶或者管底标高，则需要将鼠标移动到管道端部，捕捉端点，才能标注管顶或管底标高。

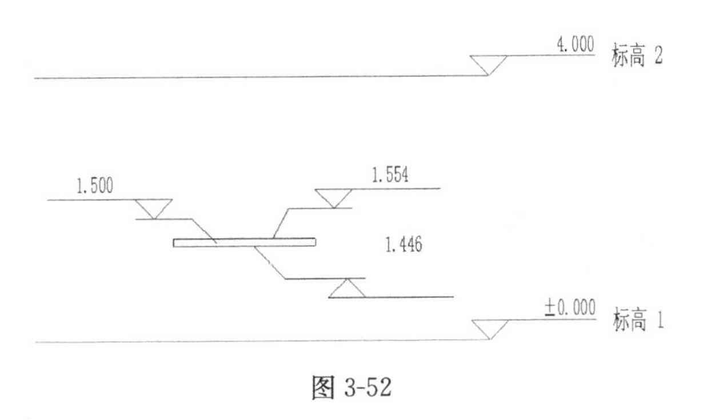

图 3-52

立面视图上也可以对管道截面进行管道中心、管顶和管底进行标注，如图 3-53 所示。

当对管道截面进行管道标注时，为了方便捕捉，建议关闭“可见性/图形替换”中的管道的两个子类别“升”、“降”，如图 3-54 所示。

（1）剖面视图中管道标高

和立面视图中管道标高原则一致。

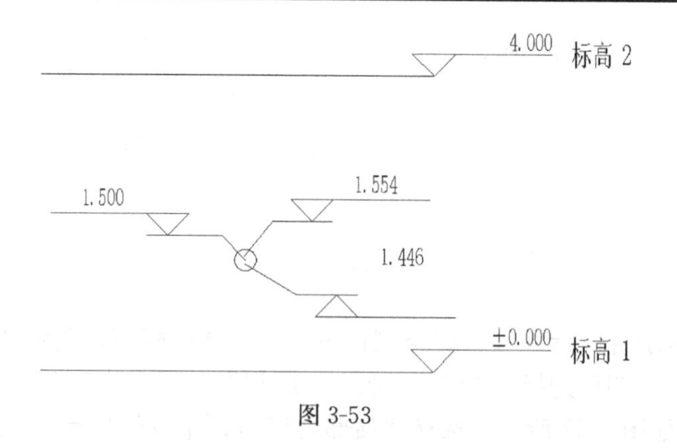

图 3-53

可见性	投影/表面			截面		半色调	详细程度
	线	填充图案	透明度	线	填充图案		
⊞ ☑ 竖井洞口						□	按视图
⊞ ☑ 管件						□	按视图
☑ 管路附件						□	按视图
⊟ ☑ 管道						□	按视图
☑ 中心线							
□ 升							
■ 降	替换...						
☑ 管道占位符						□	按视图
☑ 管道隔热层						□	按视图
⊞ ☑ 线						□	按视图
⊞ ☑ 线管						□	按视图
⊞ ☑ 线管配件						□	按视图
☑ 结构加强板						□	按视图
⊞ ☑ 结构区域钢筋						□	按视图
⊞ ☑ 结构基础						□	按视图
⊞ ☑ 结构柱						□	按视图
⊞ ☑ 结构桁架						□	按视图

图 3-54

(2) 三维视图中管道标高

三维视图中，管道单线显示下，标注的为管中心标高；双线显示下，标注的则为所捕捉的管道位置的实际标高。

6. 坡度标注

在 Revit MEP 中，使用“注释”选项卡→“尺寸标注”面板→“高程点坡度”命令来标注管道坡度，如图 3-55 所示。

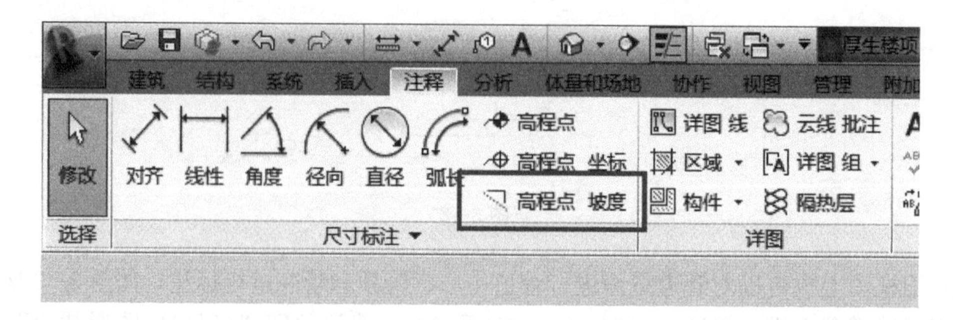

图 3-55

单击进入“系统族：高程点坡度”可以看到控制坡度标注的一系列参数。高程点坡度标注和之前介绍的高程标注非常类似，就不一一赘述。可能需要修改的是“单位格式”，设置成管道标注时习惯的百分比格式，如图 3-56 所示。

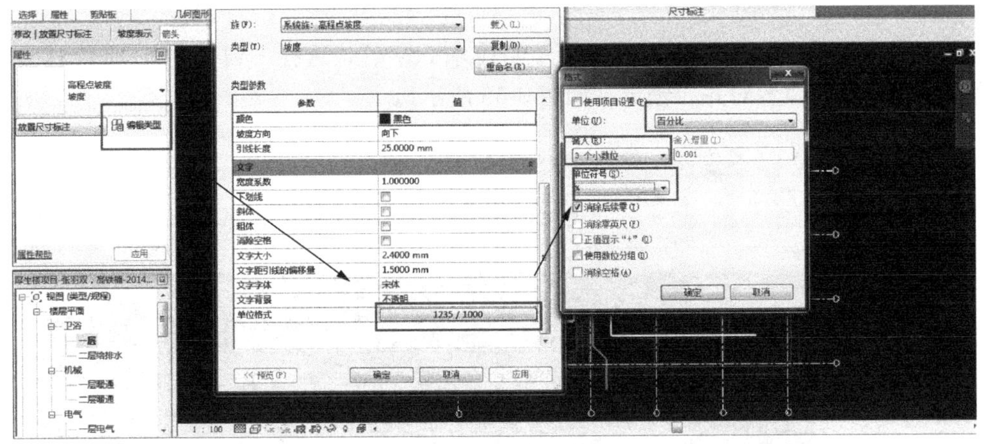

图 3-56

选中任一坡度标注，会出现“修改高程点坡度”的选项栏，如图 3-57 所示。

图 3-57

“相对参照的偏移”表示坡度标注线和管道外侧的偏移距离。“坡度表示”选项仅在立面视图中可选，有“箭头”和“三角形”两种坡度表示方式，如图 3-58 所示。

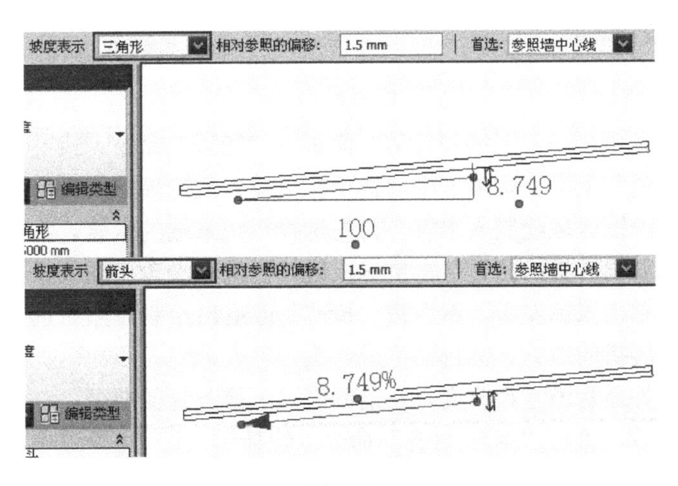

图 3-58

3.2　案例简介及管道系统创建

案例“厚生楼项目”中，包含各类水系统，并与消火栓相连，最终形成完整的系统。在厚生楼水管平面布置图中，需要注意图例中各种符号的意义，使用正确的管道类型和正确的阀门管件，保证建模的准确性。

3.2.1 CAD 底图的导入

打开“厚生楼项目”文件，导入“F1 给排水 . dwg”，选择“自动对齐-原点对原点”，并将其位置与轴网位置对齐、锁定（如图 3-59 所示）。

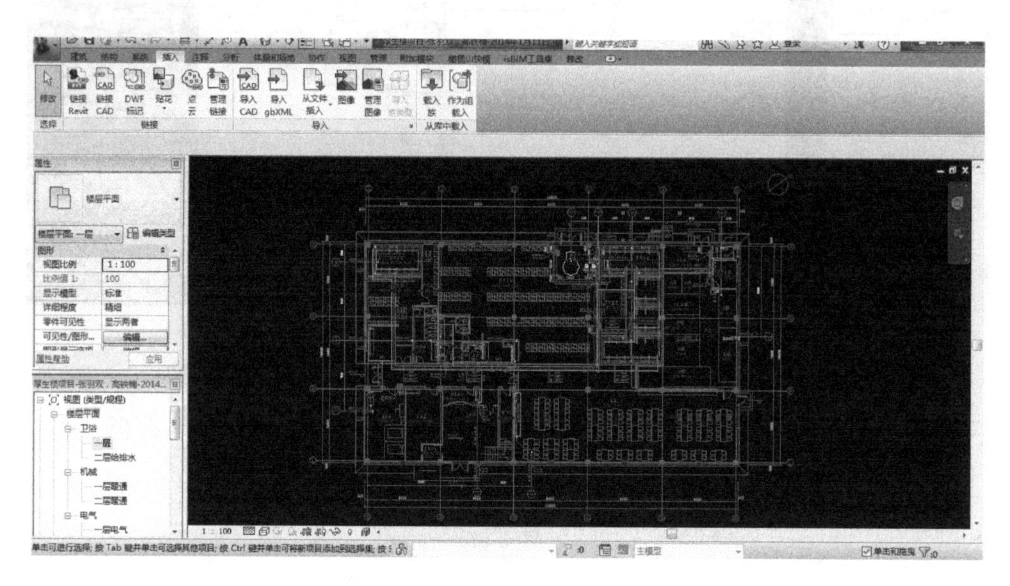

图 3-59

3.2.2 绘制水系统

1. 水管干管的绘制

单击“系统”选项卡→“卫浴和管道”面板→“管道”命令，或键入快捷键 PI，在自动弹出的“放置管道”上下文选项卡中的选项栏里输入或选择需要的管径，修改偏移量为该管道的标高，在绘图区域绘制入水管。首先选择系统末端的水管，在起始位置单击鼠标左键，拖拽光标到需要转折的位置单击鼠标左键，再继续沿着底图线条拖拽光标，直到该管道结束的位置，单击鼠标左键，然后按“ESC”键退出绘制，然后选择另外的一条管道进行绘制。在管道转折的地方，会自动生成弯头。

绘制过程中，如需管道管径改变，在绘制模式下修改管径即可。

管道绘制完毕后，单击“修改-对齐”命令（快捷键 AL）将管道中心线与底图表示管道的线条对齐位置（如图 3-60 所示）。

用同样的方法按 CAD 中所示创建需要的管道类型绘制其他的管道干管。

2. 水管立管的绘制

图 3-61 所示位置中，管道的高度不一致，需要有立管将两段标高不同的管道连接起来。

单击管道工具，或快捷键 PI，输入管道的管径、标高值，绘制一段管道，然后输入变高程后的标高值。继续绘制管道。在变高程的地方就会自动生成一段管道的立管（如图 3-62 所示）。

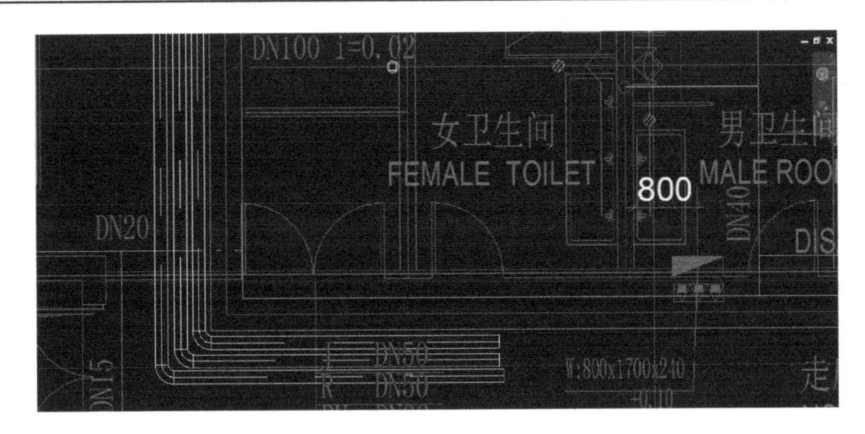

图 3-60

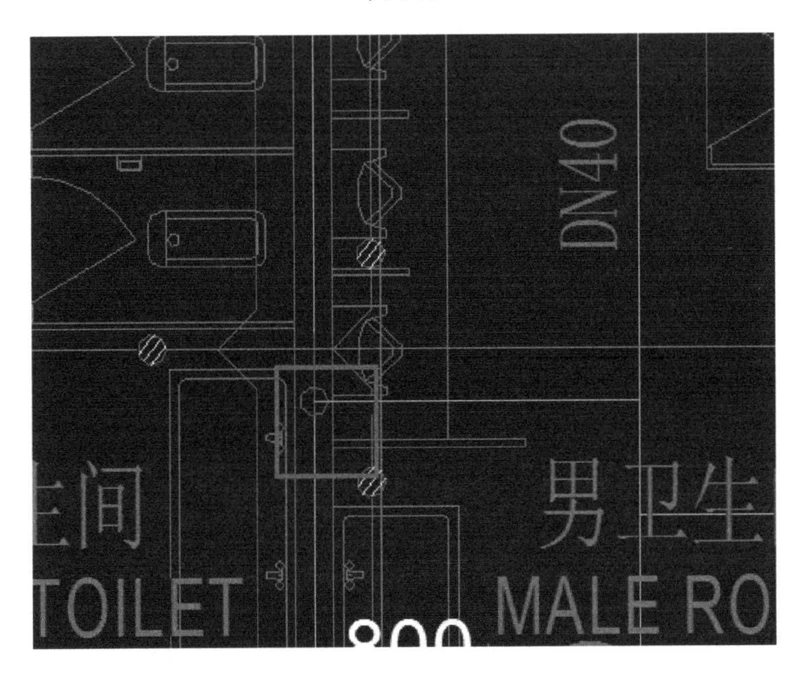

图 3-61

3. 坡度水管的绘制

选择管道后，设置坡度值，即可绘制（如图 3-63 所示）。

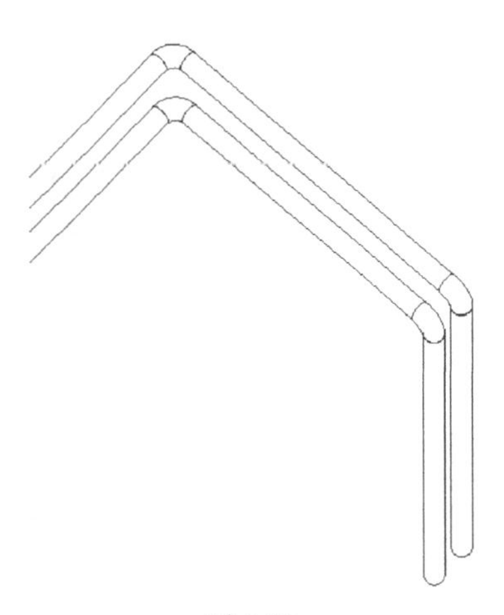

图 3-62

4. 管道三通、四通、弯头的绘制

1）管道弯头的绘制

在绘制的绘制状态下，在弯头处直接改变方向，在改变方向的地方会自动生成弯头（如图 3-64 所示）。

2）管道三通的绘制

单击“管道”工具，输入管径与标高值，绘制主管，再输入支管的管径与标高值，把鼠标移动到主管的合适位置的中心处，单击确认支管的起点，再次单击确认支管的终点，在主管与支管的连接处会自动生成三通。先在支管终点单击，再拖拽光标至与之交叉的管道的中心线处，单击鼠标左键也可生成三通（如图 3-65 所示）。

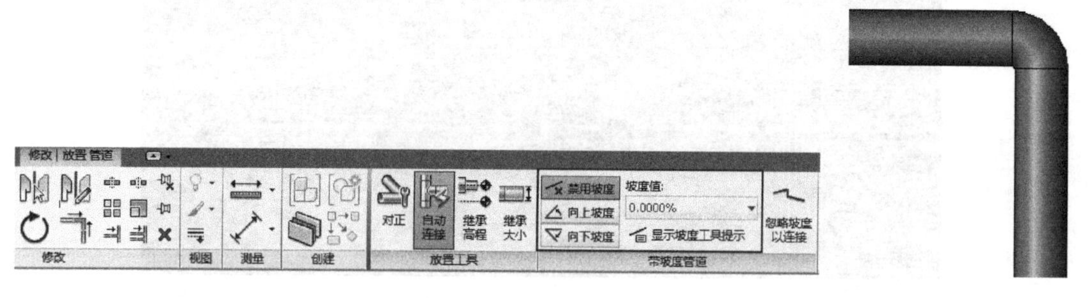

图 3-63

图 3-64

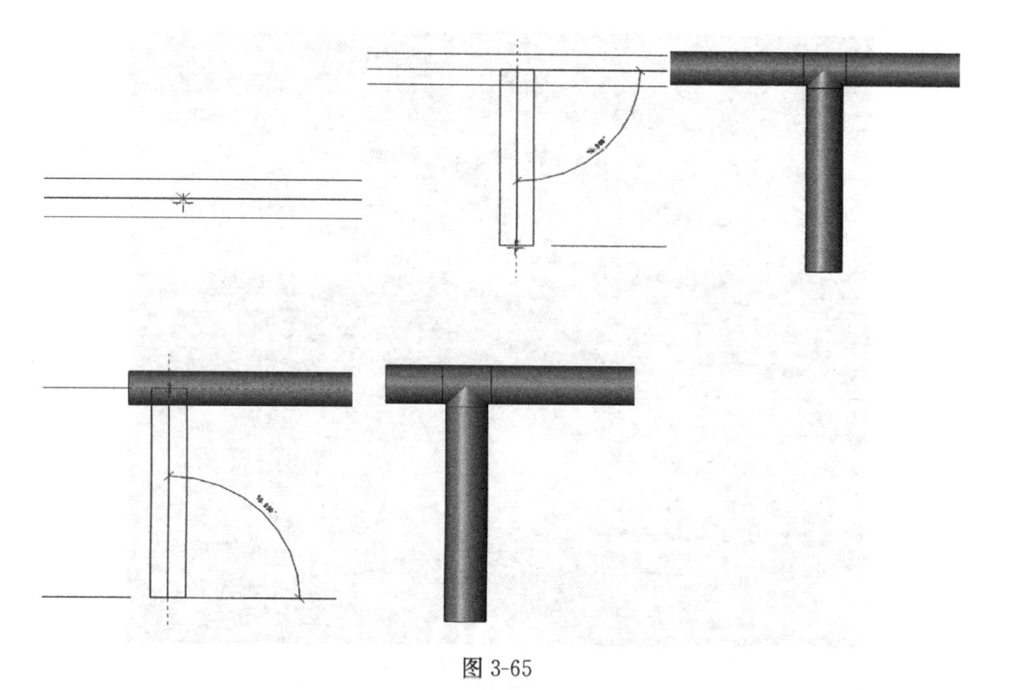

图 3-65

当相交叉的两根水管的标高不同时，按照上述方法绘制三通会自动生成一段立管，如图 3-66 所示。

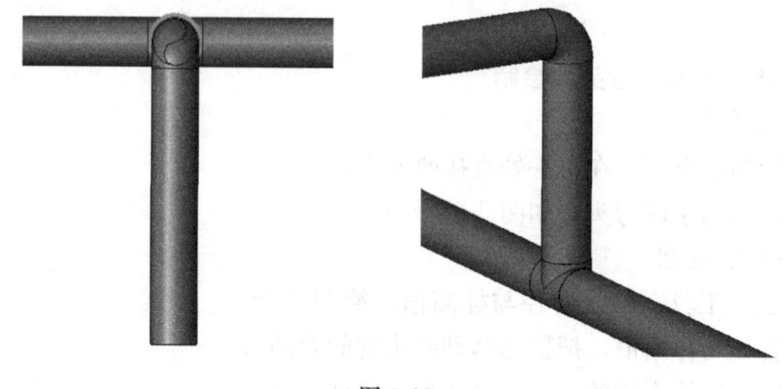

图 3-66

3）管道四通的绘制

方法一：绘制完三通后，选择三通，单击三通处的加号，三通会变成四通，然后，单击“管道”工具，移动鼠标到四通连接处，出现捕捉的时候，单击确认起点，再单击确认终点，即可完成管道绘制。同理，点击减号可以将四通转换为三通（如图 3-67 所示）。

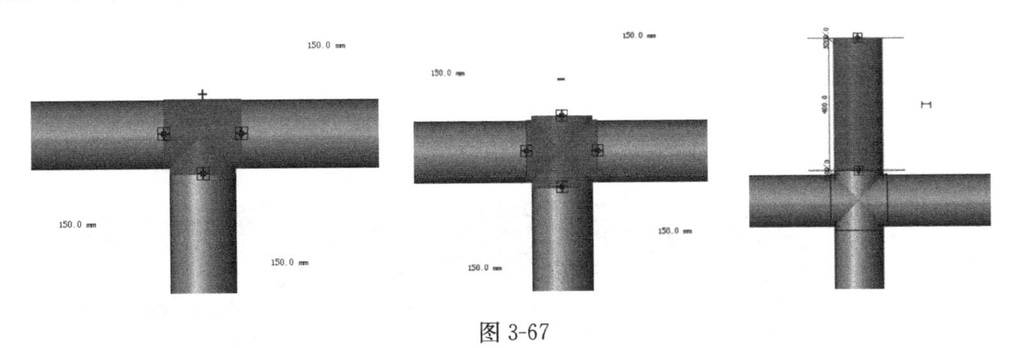

图 3-67

弯头也可以通过相似的操作变成三通（如图 3-68 所示）。

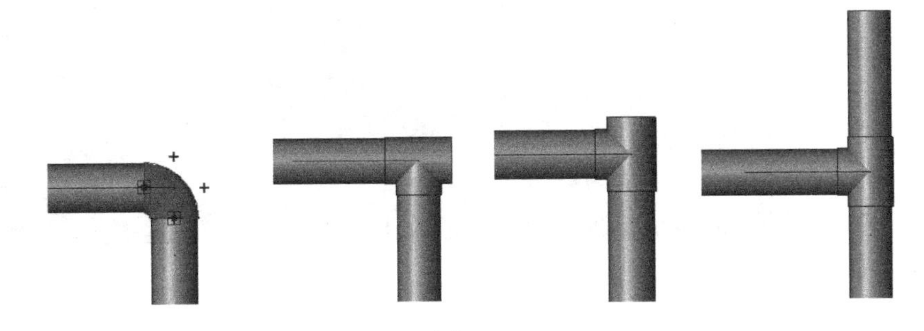

图 3-68

方法二：先绘制一根水管，再绘制与之相交叉的另一根水管，两根水管的标高一致，第二根水管横贯第一根水管，可以自动生成四通（如图 3-69 所示）。

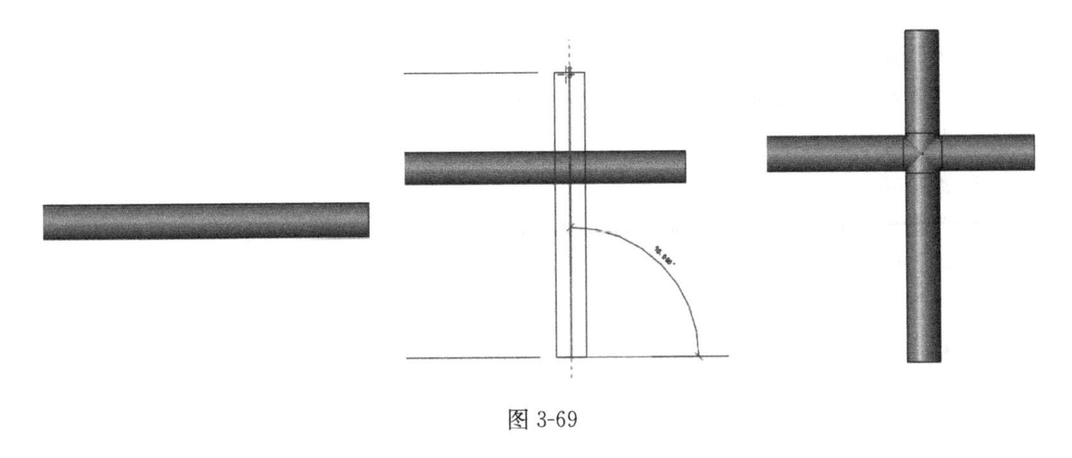

图 3-69

3.2.3　添加水系统阀门

单击“常用”选项卡→“卫浴和管道”面板→“管路附件”命令，或键入快捷键 PA，软件自动弹出“放置管路附件”上下文选项卡（若系统没有，则需从附带光盘中载入阀门族）。

单击“修改图元类型”的下拉按钮，选择需要的阀门。把鼠标移动到风管中心线处，捕捉到中心线时（中心线高亮显示），单击完成阀门的添加（如图 3-70 所示）。

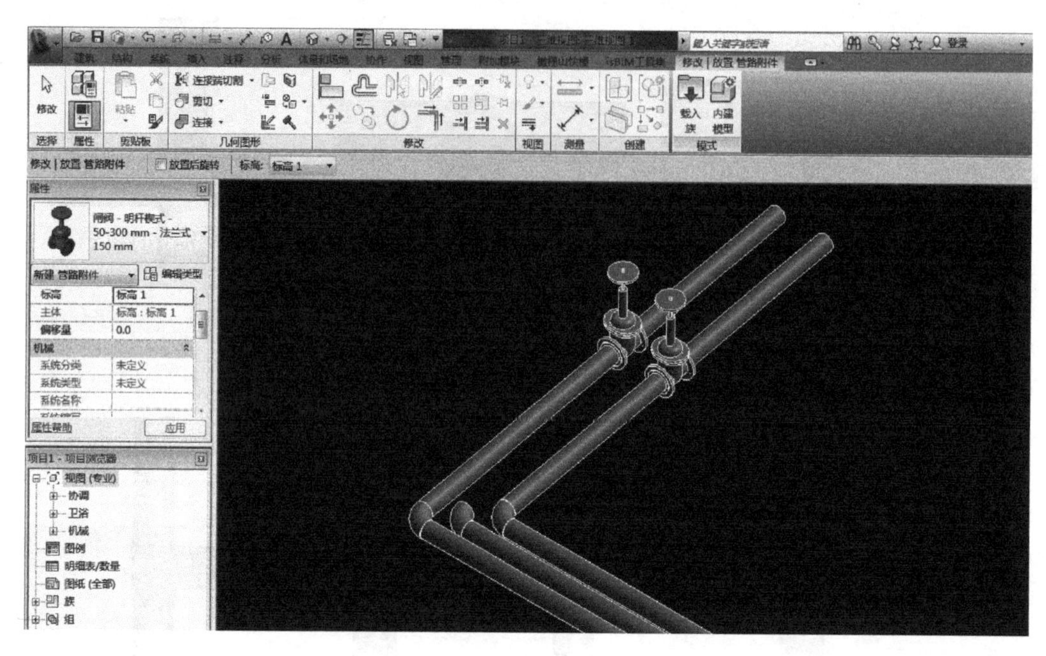

图 3-70

3.2.4 连接消防箱

消防箱的连接口都与水管接口相连，以案例中的消防箱为例，按照下列步骤完成消防箱和水管的连接。

1. 载入消防箱项目用族

单击“插入”选项卡→“载入”面板→“载入族”命令，选择 MEP→消防→消火栓箱→室内消火栓箱。

2. 放置消防箱项目用族

单击“系统”选项卡→“机械”面板→“机械设备”下拉菜单，在面板上的类型选择器中选择消防箱，然后在绘图区域内将消防栓放置在合适位置单击鼠标左键，即将消防栓添加到项目中（如图 3-71 所示）。

3. 绘制水管

选择消防栓，鼠标右键单击水管接口，选择“绘制管道”，即可绘制管道。与消防栓相连的管道和主管道有一定的标高差异，可用竖直管道将其连接起来（如图 3-72 和图 3-73 所示）。

【注意】图中管道颜色的改变原理同风管系统颜色的改变，即通过过滤器进行设置。

根据 CAD 图纸，将消防栓与干管相连。效果如图 3-74 和图 3-75 所示。

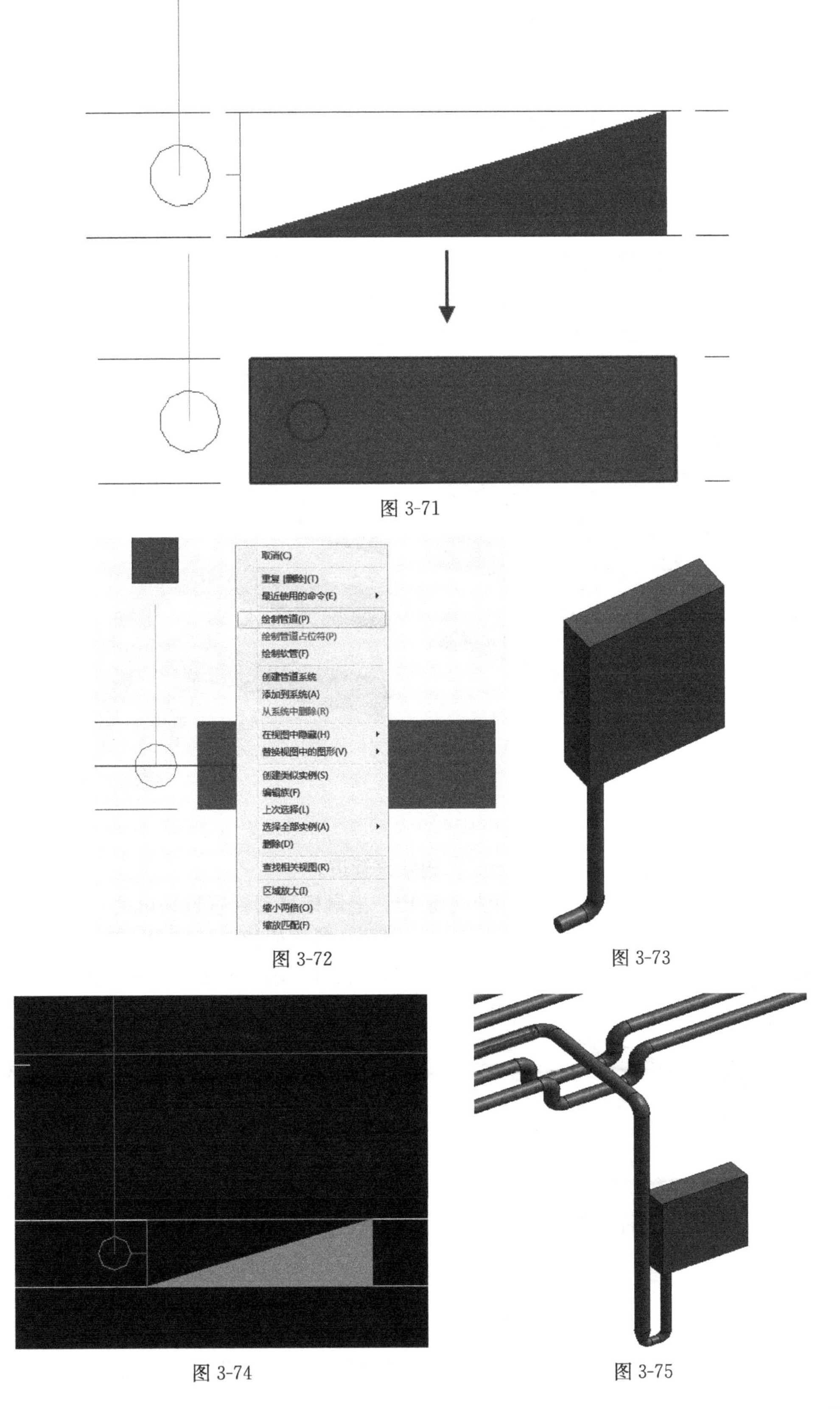

图 3-71

图 3-72

图 3-73

图 3-74

图 3-75

3.3 修改水管系统的碰撞

当绘制水管过程中发现有管道发生碰撞时，需要及时进行修改，以减少设计、施工中出现的错误，提高工作效率。

3.3.1 修改同一标高水管间的碰撞

当同一标高水管间发生碰撞时（如图 3-76 所示），应按照以下步骤进行修改：

（1）在“修改“上下文选项卡下，“编辑”面板中，单击“拆分”工具，或使用快捷键 SL，在发生碰撞的管道两侧单击（如图 3-77 所示）。

图 3-76

图 3-77

（2）选择中间的管道，按“Delete”，删除该管道。

（3）单击“管道”工具，或使用快捷键 PI，把鼠标移动到管道缺口处，出现捕捉时，单击，输入修改后的标高，移动到另一个管道缺口处，出现捕捉时，单击即可完成管道碰撞的修改（如图 3-78 所示）。

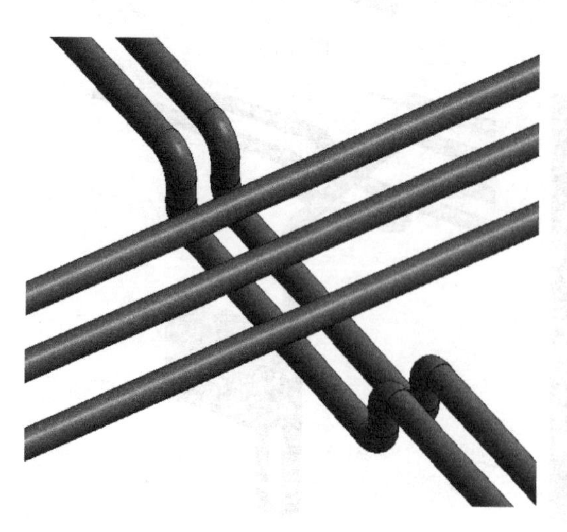

图 3-78

3.3.2 修改水管系统与其他专业间的碰撞

水管与其他专业的碰撞修改要依据一定的修改原则，主要有以下原则：

（1）电线桥架等管线在最上面，风管在中间，水管在最下方。

（2）满足所有管线、设备的净空高度的要求：管道高距离梁底部 200mm。

（3）在满足设计要求、美观要求的前提下尽可能节约空间。

(4) 当重力管道与其他类型的管道发生碰撞时，应修改、调整其他类型的管道：将管道偏移 200mm。

(5) 其他优化管线的原则参考各个专业的设计规范。

3.4　按照 CAD 底图完成各系统绘制

按上述绘制方法及原则绘制“厚生楼项目”图（如图 3-79～图 3-81 所示），分别为 CAD 底图、平面图与三维视图。

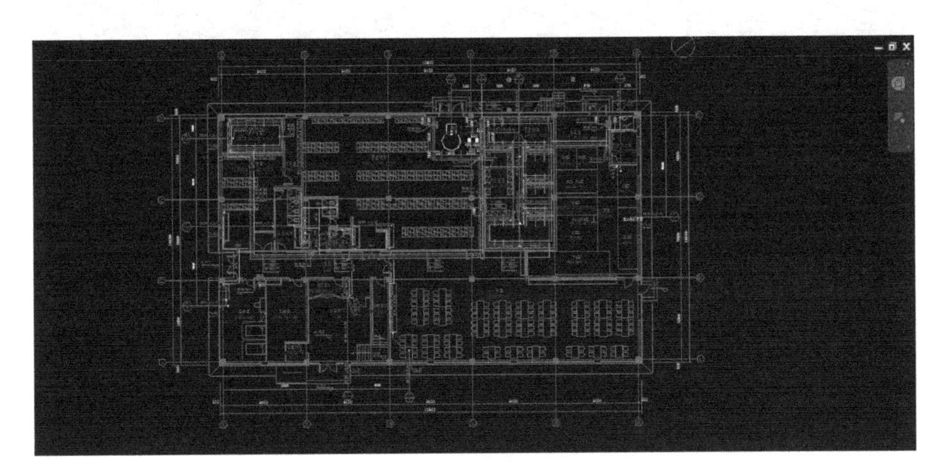

图 3-79

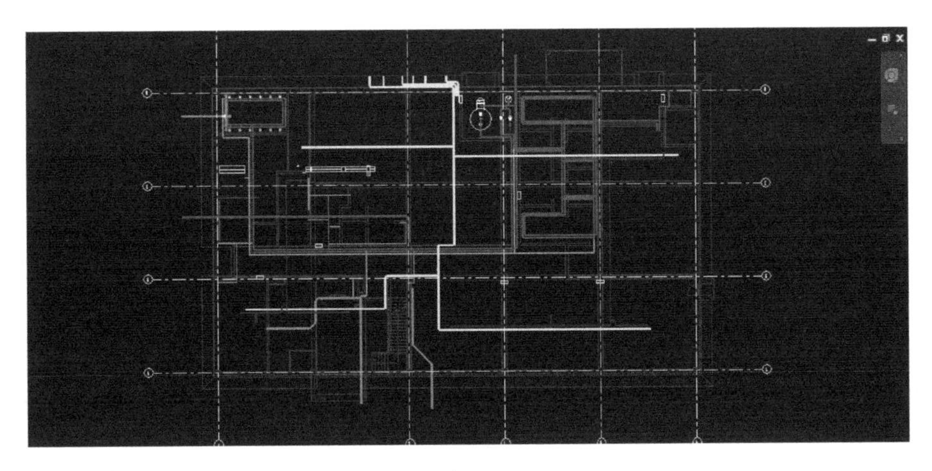

图 3-80

至此，水系统模型绘制完毕，保存。

小结：通过本章的学习和实例的操作，可掌握相关水系统的绘制及系统创建的基本方法。大家可根据掌握的绘图方法在实际项目中进行三维设计，在实际项目中遇到与上述管道类似的系统（如压缩空气、燃气、蒸汽等系统）仍可按照水管绘制的方法进行绘制。

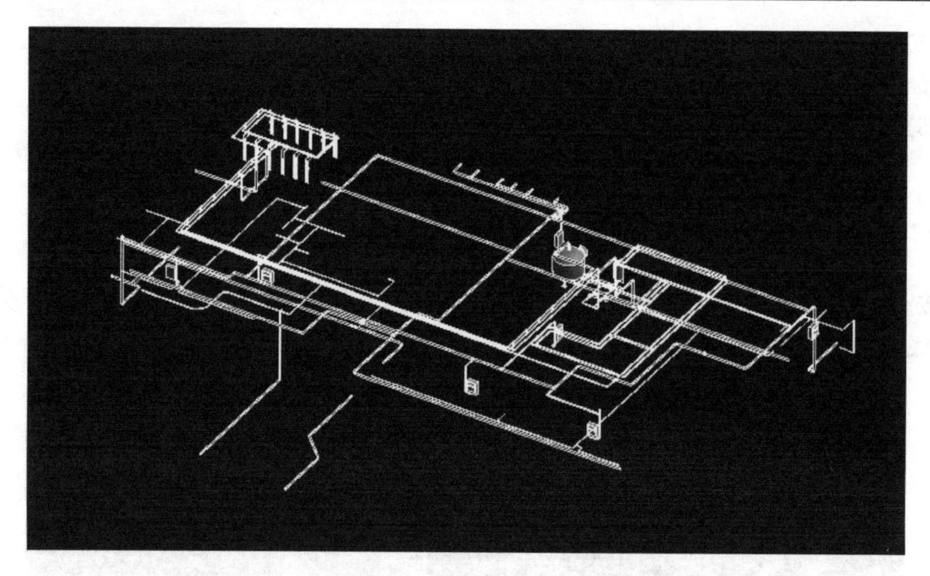

图 3-81

第 4 章　电气系统的绘制

4.1　电缆桥架功能

电缆桥架的敷设是电缆的重要部分。电缆桥架和其他两种管路-风管和管道在功能框架上有一致性和延续性，所以，熟悉 Revit MEP 风管和管道功能的用户能很快掌握电缆桥架的功能。当然，电缆桥架针对各自建模特点，也具有一些特有的功能。

4.1.1　电缆桥架

电缆桥架功能可以绘制生动的电缆桥架模型，如图 4-1 所示。

提供两种不同的电缆桥架形式："带配件的电缆桥架"和"无配件的电缆桥架"。"无配件的电缆桥架"适用于设计中不明显区分配件的情况。两种电缆桥架形式在软件功能上的具体区别将在电缆桥架的绘制分析中具体介绍。"带配件的电缆桥架"和"无配件的电缆桥架"是作为两种不同的系统族来实现的，并在这两个系统族下面添加不同的类型。提供的"Electrical-Default _ CHSCHS. rte"项目样板文件中配置了默认类型，分别有"带配件的电缆桥架"和"无配件的电缆桥架"，如图 4-2 所示。

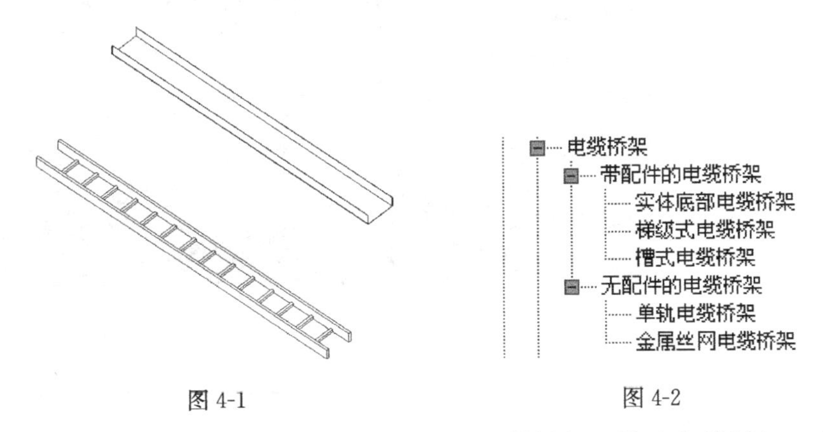

图 4-1　　图 4-2

"带配件的电缆桥架"的默认类型有：梯级式电缆桥架、槽式电缆桥架、实体底部电缆桥架。

"无配件的电缆桥架"的默认类型有：单轨电缆桥架、金属丝网电缆桥架。

其中，"梯级式电缆桥架"的形状为"梯形"，其他类型的截面形状为"槽形"。和风管、管道一样，项目之前要设置好电缆桥架类型。可以用以下三种方法查看并编辑电缆桥架类型。

(1) 单击"系统"选项卡→"电气"面板→"电缆桥架"命令，在"属性"对话框中单击"编辑类型"，如图 4-3 所示。

图 4-3

（2）单击“系统”选项卡→“电气”面板→“电缆桥架”命令，在上下文选项卡“修改 | 放置电缆桥架”的“属性”面板中单击“类型属性”，如图 4-4 所示。

图 4-4

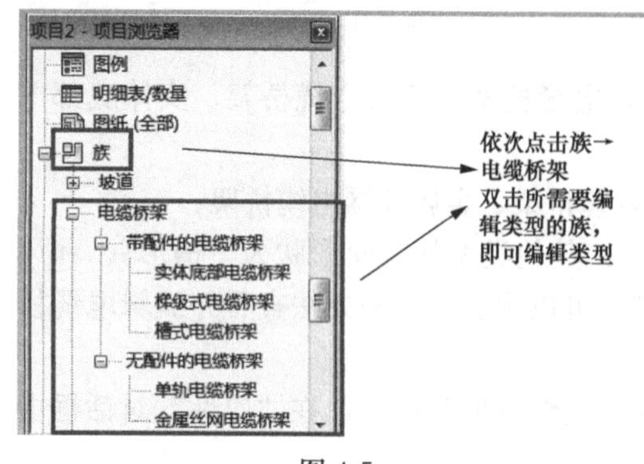

图 4-5

（3）在项目浏览器中，展开“族”→“电缆桥架”，展开“电缆桥架”，并展开族的类型，双击要编辑的类型就可以打开“类型属性”对话框，如图 4-5 所示。

在电缆桥架的“类型属性”对话框中，“管件”组别下需要定义管件配置参数：“水平弯头/垂直内弯头/垂直外弯头/T 型三通/四通/过度件/活接头”。通过这些参数指定电缆桥架配件族，可以配置在管路绘制过程中自动生成的管件（或称配件）。软件自带的项目样板 Systems-Default _ CHSCHS. rte 和 Electrical-Default _ CHSCHS，rte 中预先配置了电缆桥架类型，并分别指定了各种类型下的“管件”默认使用的电缆桥架配件族。这样，绘制桥架时，所指定的桥架配件可以自动放置到绘图区和桥架相连接。

4.1.2　电缆桥架配件族

Revit MEP 自带的族库中，提供了专为中国用户创建的电缆桥架配件族。下面以水平弯通为例，对比族库中提供的几种配件族。图 4-6 所示，配件族有：“托盘式电缆桥架水平弯通 . rfa”、“梯级式电缆桥架水平弯通 . rfa”、“槽式电缆桥架水平弯通 . rfa”、“M _ 梯式水平弯通 . rfa”和“M _ 槽式水平弯通 . rfa”。

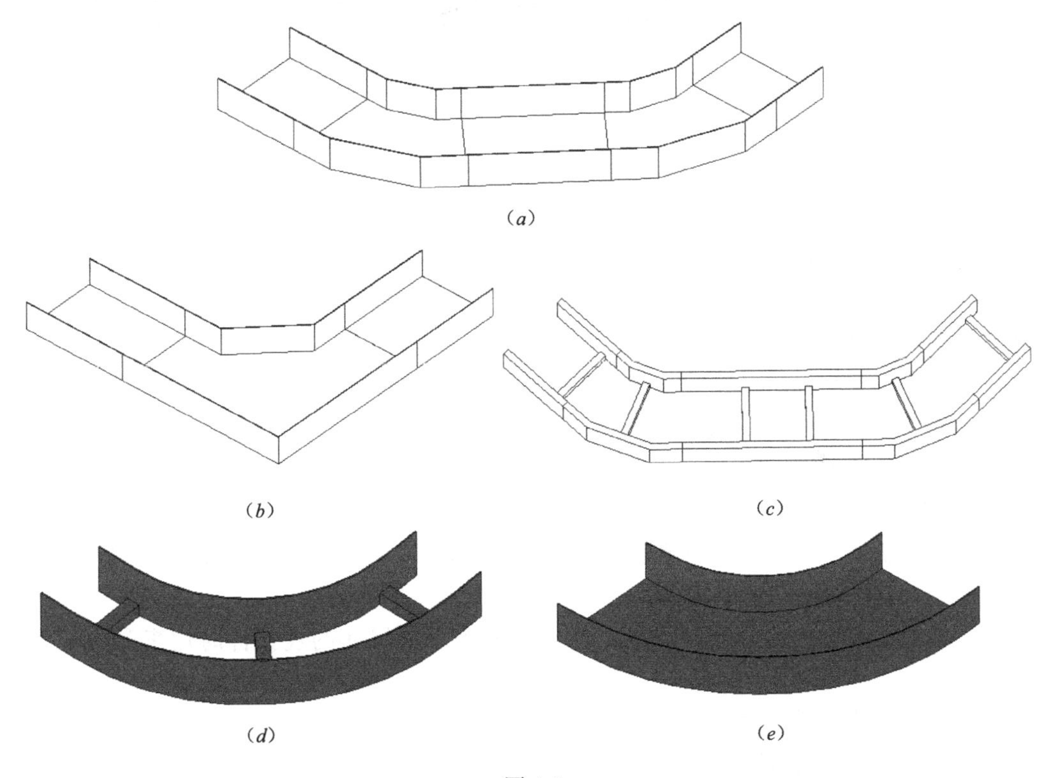

图 4-6

(*a*) 托盘式电缆桥架水平弯通 . rfa；(*b*) 梯级式电缆桥架水平弯通 . rfa；(*c*) 槽式电缆桥架水平弯通 . rfa；(*d*) M _ 梯式水平弯通 . rfa；(*e*) M _ 槽式水平弯通 . rfa

4.1.3　电缆桥架的设置

在布置电缆桥架前，先按照设计要求对桥架进行设置。

在“电气设备”对话框中定义“电缆桥架设置”：单击“管理”选项卡→“设置”面板→“MEP 设置”下拉菜单中“电气设置”命令（也可单击“系统”选项卡→“电气”面板→“电气设置”命令），在“电气设置”对话框的左侧面板中，展开“电缆桥架设置”，如图 4-7 所示。

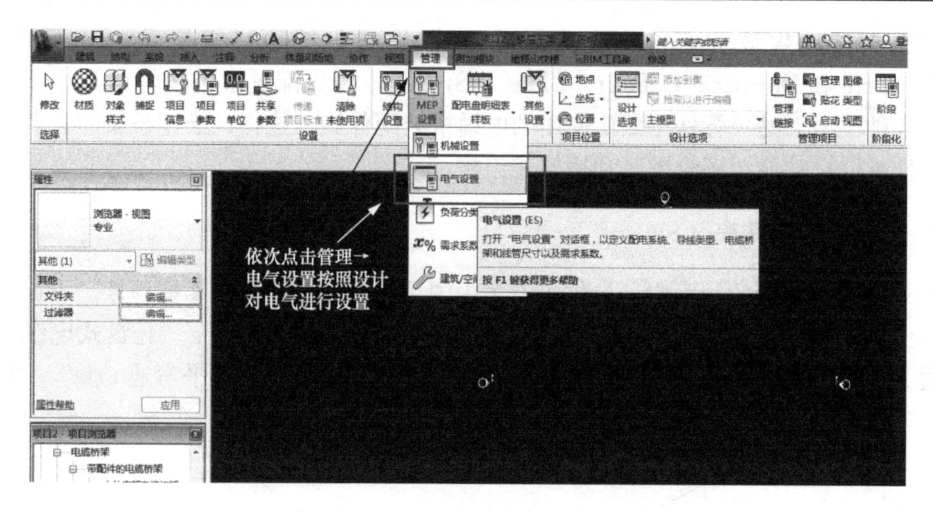

图 4-7

1. 定义设置参数

首先，“电缆桥架设置”的第一层设置如图 4-8 所示，定义右侧面板的以下参数：

（1）为单线管件使用注释比例。该设置用来控制电缆桥架配件的平面视图中的单线显示。如果勾选该选项，将以下一行的“电缆桥架配件注释尺寸”参数所指定的尺寸绘制桥架和桥架附件。注意，修改该设置时只影响后面绘制的构建，并不会改变修改前已在项目中放置的构建的打印尺寸。

（2）电缆桥架配件注释尺寸。指定在单线视图中绘制的电缆桥架配件出图尺寸。无论图纸比例多少，该尺寸始终保持不变。

（3）电缆桥架尺寸分隔符。该参数指定用于显示电缆桥架尺寸的符号。例如，如果使用“×”，则宽为 300mm、深度为 100mm 的风管将显示为“300mm×100mm”。

（4）电缆桥架尺寸后缀。指定附加到根据“实例属性”参数显示的电缆桥架尺寸后面的符号。

（5）电缆桥架连接件分隔符。指定在使用两个不同尺寸的连接件时用来分隔信息的符号。

2. 设置“升降”和“尺寸”

展开“电缆桥架设置”并设置“升降”和“尺寸”。

（1）“升降”。在左侧面板中“升降”选项用来控制电缆桥架标高变化时的显示。

单击“升降”，在右侧面板中，可指定电缆桥架升/降注释尺寸的值，如图 4-8 所示。该参数用于指定在单线视图中绘制的升/降注释的出图尺寸。无论图纸比例为多少，该注释尺寸始终保持不变。默认设置为 3mm。

（2）尺寸。单击“尺寸”，右侧面板会显示可在项目中使用的电缆桥架尺寸表，在表中可以查看、修改、新建和删除当前项目文件中的电缆桥架尺寸，如图 4-9 所示。另外，用户可以选择特定尺寸在项目中的应用方式。尺寸表中，在某个特定尺寸右侧勾选“用于尺寸列表”：表示在整个 Revit MEP 的电缆桥架尺寸列表中显示所选尺寸，选项卡的尺寸下拉列表，如图 4-10 所示；如果不勾选，该尺寸将不会出现在这些尺寸下拉列表中。

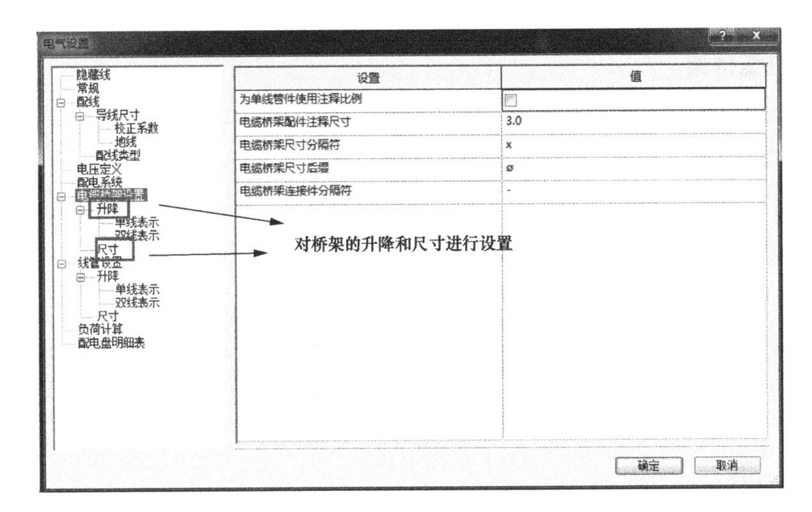
电气设置
隐藏线
常规
配线
导线尺寸
校正系数
地线
配线类型
电压定义
配电系统
电缆桥架设置
升降
单线表示
双线表示
尺寸
线管设置
升降
单线表示
双线表示
尺寸
负荷计算
配电盘明细表
设置
值
为单线管件使用注释比例
电缆桥架配件注释尺寸
3.0
电缆桥架尺寸分隔符
x
电缆桥架尺寸后缀
ø
电缆桥架连接件分隔符
-
对桥架的升降和尺寸进行设置
确定
取消

图 4-8

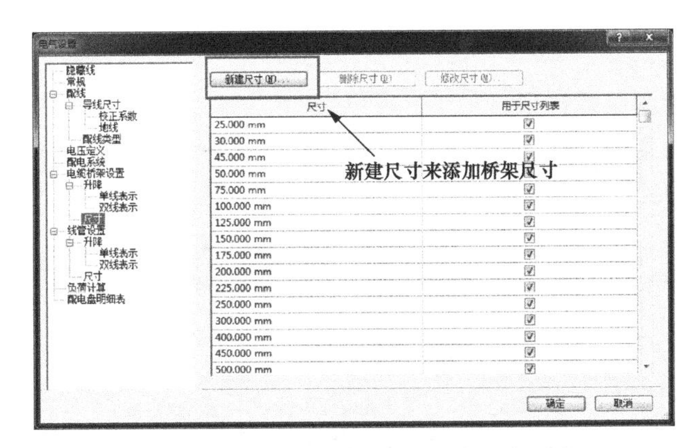
电气设置
新建尺寸(N)...
删除尺寸(D)
修改尺寸(M)
尺寸
用于尺寸列表
25.000 mm
30.000 mm
45.000 mm
50.000 mm
75.000 mm
100.000 mm
125.000 mm
150.000 mm
175.000 mm
200.000 mm
225.000 mm
250.000 mm
300.000 mm
400.000 mm
450.000 mm
500.000 mm
新建尺寸来添加桥架尺寸
确定
取消

图 4-9

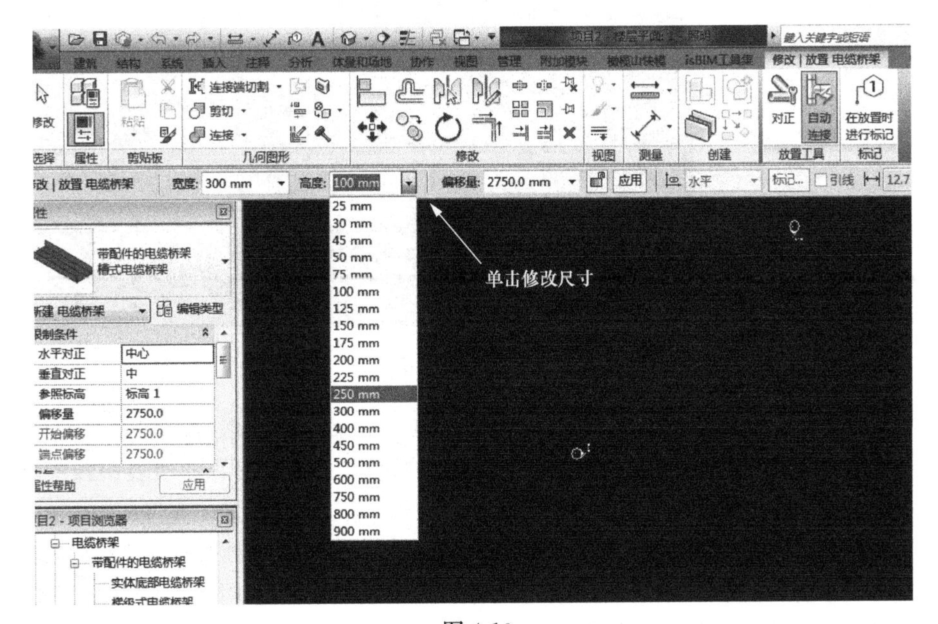
修改 | 放置 电缆桥架
宽度: 300 mm
高度: 100 mm
偏移量: 2750.0 mm
应用
水平
25 mm
30 mm
45 mm
50 mm
75 mm
100 mm
125 mm
150 mm
175 mm
200 mm
225 mm
250 mm
300 mm
400 mm
450 mm
500 mm
600 mm
750 mm
800 mm
900 mm
单击修改尺寸
带配件的电缆桥架
槽式电缆桥架
编辑类型
水平对正
中心
垂直对正
中
参照标高
标高 1
偏移量
2750.0
开始偏移
2750.0
端点偏移
2750.0
应用
电缆桥架
带配件的电缆桥架
实体底部电缆桥架

图 4-10

4.1.4 绘制电缆桥架

在平面视图、立面视图、剖面视图和三维视图中均可绘制水平、垂直和倾斜的电缆桥架。

1. 基本操作

进入电缆桥架绘制模式有以下方式：

(1) 单击“系统”选项卡→“电气”面板→“电缆桥架”命令，如图 4-11 所示。

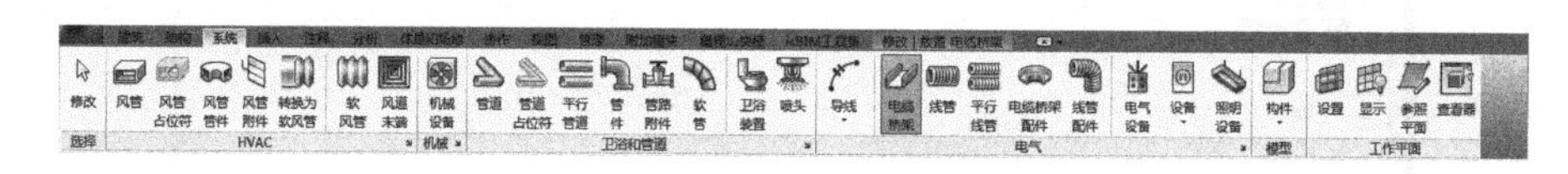

图 4-11

(2) 选中绘图区已布置构件族的电缆桥架连接件，右击鼠标，单击快捷菜单中的“绘制电缆桥架”。

(3) 直接键入 CT。

按照以下步骤绘制电缆桥架：

(1) 选中电缆桥架类型。在电缆桥架“属性”对话框中选中所需要绘制的电缆桥架类型，如图 4-12 左侧类型选中器。

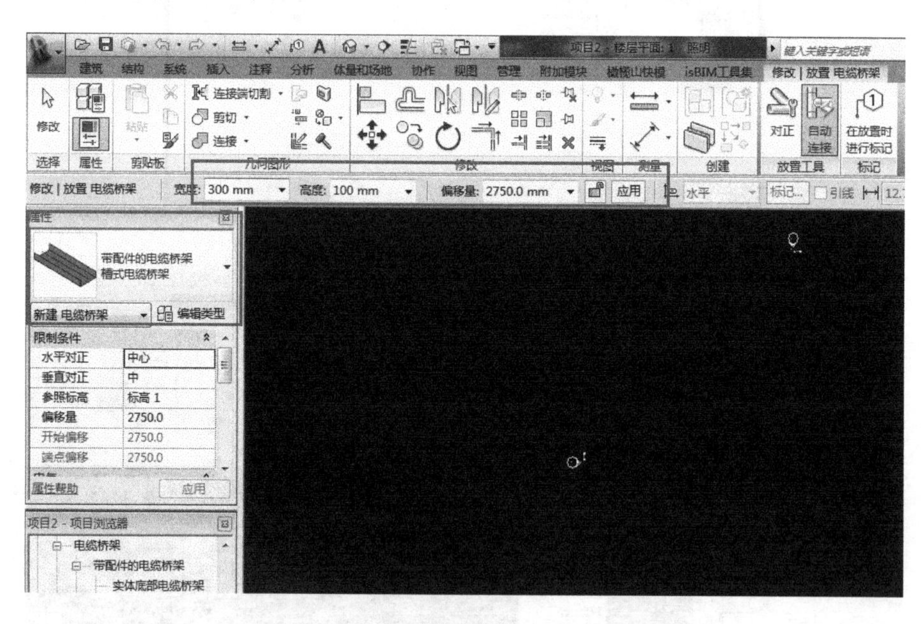

图 4-12

(2) 选中电缆桥架尺寸。单击“修改 | 放置电缆桥架”选项栏上“宽度”右侧下拉按钮，选中电缆桥架尺寸。也可以直接输入欲绘制的尺寸，如果在下拉列表中没有该尺寸，系统将从类表中自动选中和输入尺寸最接近的尺寸。同样方法设置“高度”。

(3) 指定电缆桥架偏移。默认“偏移量”是指电缆桥架中心线相对于当前平面标高的距离。在“偏移量”选项中单击下拉按钮，可以选中项目中已经用到的偏移量，也可以直接输入自定义的偏移量数值，默认单位为 mm。

(4) 指定电缆桥架起点和终点。将鼠标移至绘图区域，单击即可指定电缆桥架起点，移动至终点位置再次单击，完成一段电缆桥架的绘制。可以继续移动鼠标绘制下一段。绘制过程中，根据绘制路线，在“类型属性”对话框中预设好的电缆桥架管件将自动添加到电缆桥架中。绘制完成后，按“Esc”键或者右击鼠标选择“取消”退出电缆桥架绘制命令。绘制垂直电缆桥架时，可在立面视图或剖面视图中直接绘制，也可以在平面视图绘制：在选项栏上改变将要绘制的下一段水平桥架的“偏移量”，就能自动连接出一段垂直桥架。

2. 电缆桥架对正

在平面视图和三维视图中绘制管道时，可以通过“修改 | 放置管道”选项卡中的“对正”命令指定电缆桥架的对齐方式。单击“对正”，打开“对正设置”对话框，如图 4-13 所示。

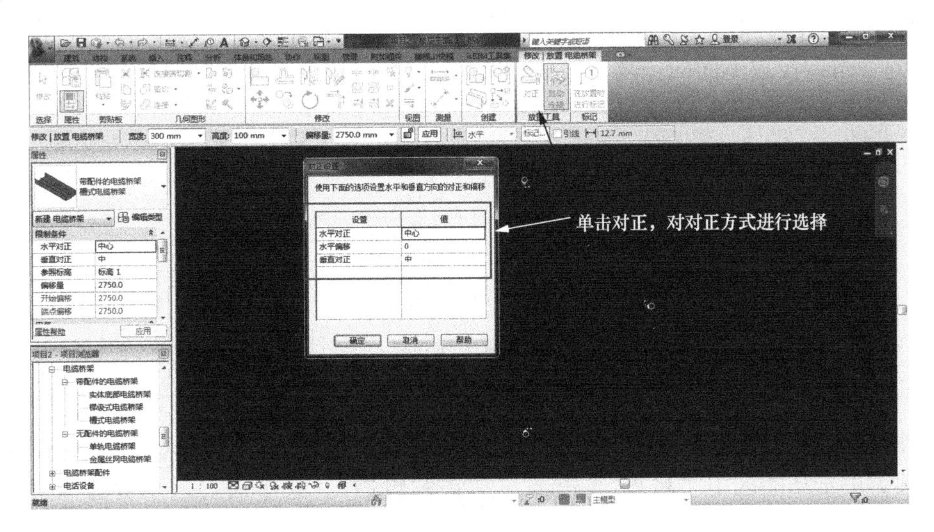

图 4-13

(1) 水平对正。“水平对正”用来指定当前视图下相邻段之间水平对齐方式。“水平对正”方式有：“中心”、“左”和“右”。

“水平对正”后的效果还与绘制方向有关，如果自左向右绘制，选择不同“水平对正”方式的绘制效果如图 4-14 所示。

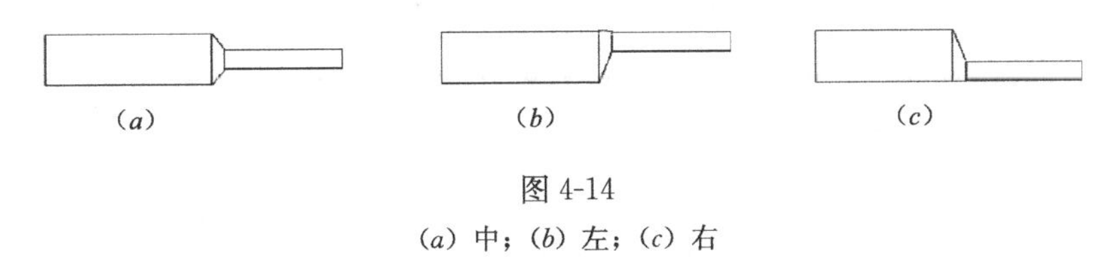

图 4-14

(a) 中；(b) 左；(c) 右

(2) 水平偏移。“水平偏移”用于指定绘制起始点位置与实际绘制位置之间的偏移距离。该功能多用于指定电缆桥架和前提等参考图元之间的水平偏移距离。

比如，设置“水平偏移”值为 500mm 后，捕捉墙体中心线绘制宽度为 100mm 的直段，这样实际绘制位置是按照“水平偏移”值偏移墙体中心线的位置。同时，该距离还与“水平对齐”方式及绘制方向有关：如果自左向右绘制电缆桥架，三种不同的水平对正方式下电缆桥架中心线到墙中心线的距离标注如图 4-15 所示。

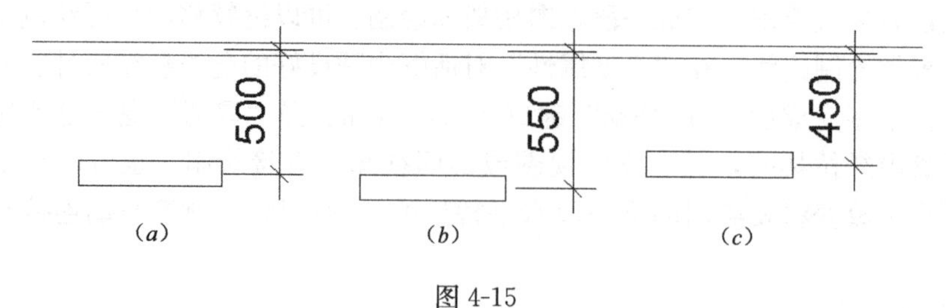

图 4-15
(a) 中心对齐；(b) 左对齐；(c) 右对齐

(3) 垂直对正。“垂直对正”用来指定当前视图下相邻段之间垂直对齐方式。“垂直对正”方式有：“中”、“底”、“顶”。

“垂直对正”的设置会影响“偏移量”。当默认偏移量为 100mm 时，工程管径为 100mm 的管道，设置不同的“垂直对正”方式，绘制完成后的管道偏移量（即管中心标高）会发生变化，如图 4-16 所示。

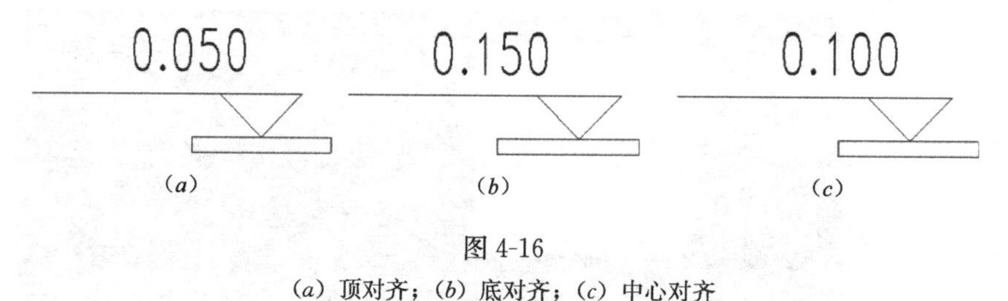

图 4-16
(a) 顶对齐；(b) 底对齐；(c) 中心对齐

另外，电缆桥架绘制完成后，可以使用“对正”命令修改对齐方式。选中需要修改的电缆桥架，单击功能区中“对正”，进入“对正编辑器”，选中需要的对齐方式和对齐方向，单击“完成”，如图 4-17 所示。

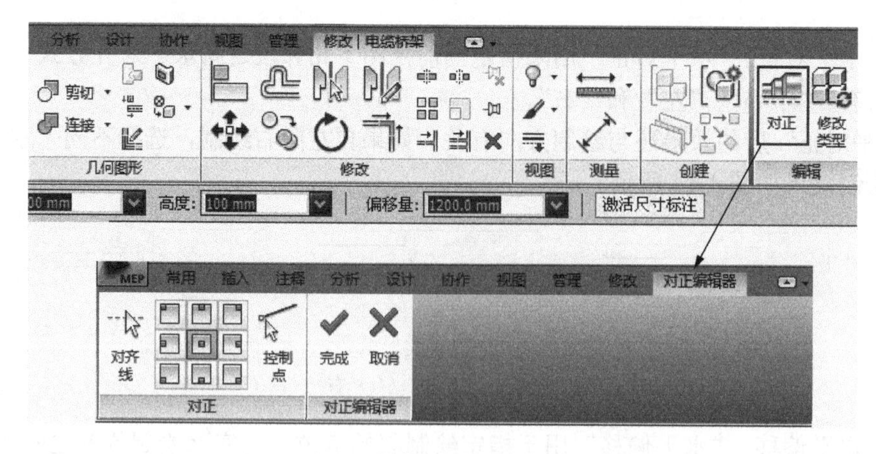

图 4-17

3. 自动连接

在“修改 | 放置管道”选项卡中有“自动连接”这一选项，如图 4-18 所示。默认情况下，这一选项是勾选的。

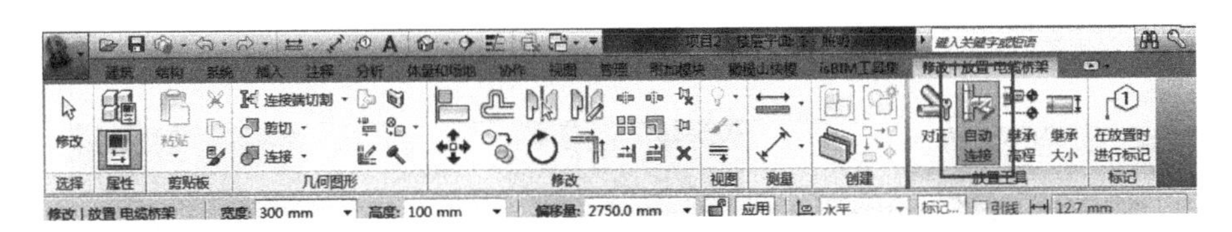

图 4-18

勾选与否将决定绘制电缆桥架时是否自动连接到相交电缆桥架上，并生成电缆桥架配件。当勾选“自动连接”时，在两直段相交位置自动生成四通；如果不勾选，则不生成电缆桥架配件，两种方式如图 4-19 所示。

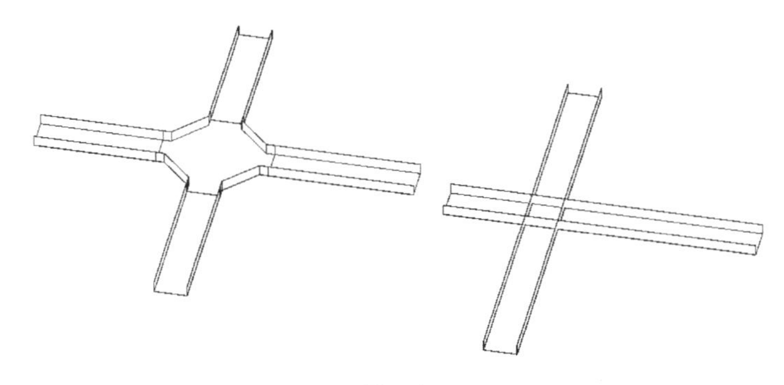

图 4-19

4. 电缆桥架配件放置和编辑

电缆桥架连接中要使用电缆桥架配件。下面将介绍绘制电缆桥架时配件族的使用。

1）放置配件。在平面视图、立面视图、剖面视图和三维视图都可以放置电缆桥架配件。放置电缆桥架配件有两种方法：自动添加和手动添加。

自动添加：在绘制电缆桥架过程中自动加载的配件需在“电缆桥架类型”中的“管件”参数中指定。

手动添加：是在“修改｜放置 电缆桥架配件”模式下进行，进入“修改｜放置 电缆桥架配件”有以下方式：

（1）单击“常用”选项卡→“电气”面板→“电缆桥架配件”命令，如图 4-20 所示。

图 4-20

（2）在项目浏览器中，展开“族”→“电缆桥架配件”，将“电缆桥架配件”下的族直接拖到绘图区域。

（3）直接键入 TF。

2）编辑电缆桥架配件。在绘图区域中单击某一淡蓝桥架配件后，周围会显示一组控制柄，可用于修改尺寸、调整方向和进行升级或降低，如图 4-21 所示。

（1）在配件的所有连接件都没有连接时，可单击尺寸标注改变宽度和高度，如图 4-21（*a*）所示。

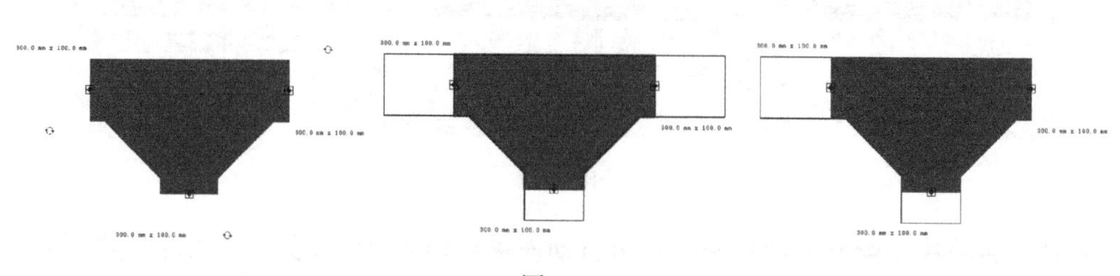

图 4-21

（2）单击⇄符号可以实现配件水平或垂直翻转 180°。

（3）单击↻符号可以旋转配件。注意：当配件连接了电缆桥架后，该符号不再出现，如图 4-21（*b*）所示。

（4）如果配件的旁边出现加号，表示可以升级该配件，如图 4-21（*c*）所示。例如，带有未使用连接件的四通可以降级为 T 形三通；带有未使用连接件的 T 形三通可以降级为弯头。如果配件上有多个未使用的连接件，则不会显示加减号。

5. 带配件和无配件的电缆桥架

绘制“带配件的电缆桥架”和“无配件的电缆桥架”功能上是不同的。

图 4-22 分别为用“带配件的电缆桥架”和用“无配件的电缆桥架”绘制出的电缆桥架，通过对比可以明显看出这两者的区别。

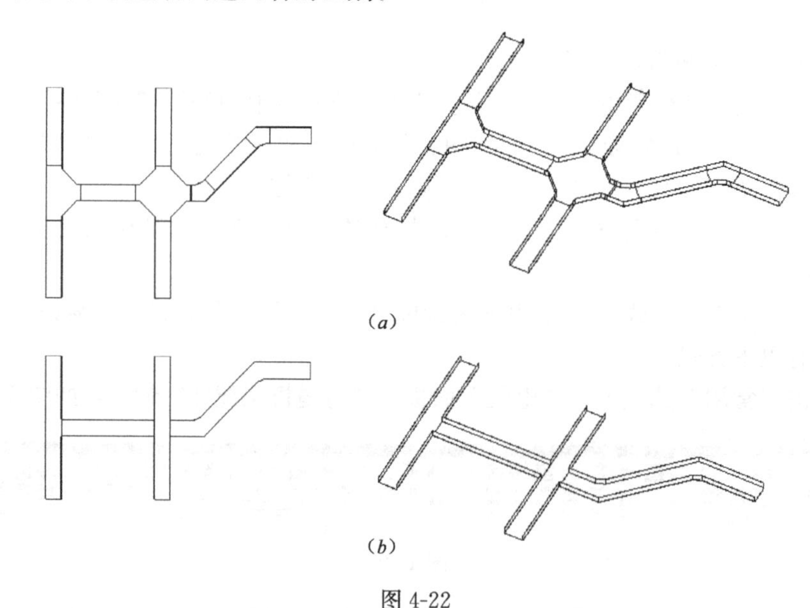

图 4-22

（*a*）带配件电缆桥架；（*b*）无配件电缆桥架

（1）绘制“带配件的电缆桥架”时，桥架直段和配件间有分隔线分为各自的几段。

（2）绘制“无配件的电缆桥架”中，转弯处和直段之间并没有分隔，桥架交叉时，桥架自动被打断，桥架分支时也是直接相连而不插入任何配件。

4.1.5 电缆桥架显示

在视图中，电缆桥架模型根据不同的“详细程度”显示不同，可通过点击“视图控制栏”的“详细程度”按钮，切换“粗略”、“中等”、“精细”三种粗细程度。电缆桥架的“精细”、“中等”、“粗略”视图显示分别是：

（1）“精细”：默认显示电缆桥架实际模型。

（2）“中等”：默认显示电缆桥架最外面的方形轮廓（2D 时为双线，3D 时为长方体）。

（3）“粗略”：默认值显示电缆桥架的单线。

以梯形电缆桥架为例，“精细”、“中等”、“粗略”视图显示的对比见表 4-1。

电缆桥架在不同详细程度下的显示对比　　**表 4-1**

	2D	3D
精细	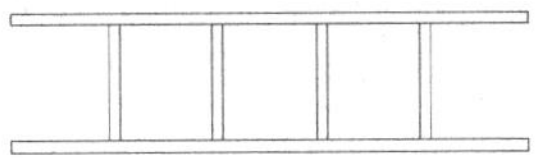	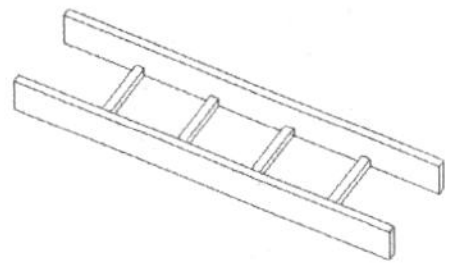
中等		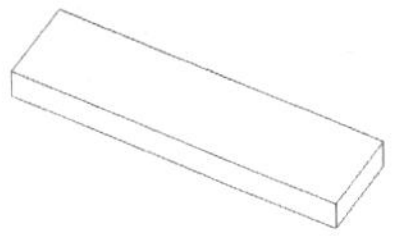
粗略		

在创建电缆桥架配件相关族的时候，应注意配合电缆桥架显示特性，确保整个电缆桥架管路显示协调一致。

4.2　案例简介及电气系统的绘制

电气系统是现代建筑设计很重要的一部分，电气系统是以电能、电气设备和电气技术为手段来创造、维持与改善限定空间和环境的一门科学，它是介于土建和电气两大类学科之间的一门综合学科。经过多年的发展，它已经建立了自己完整的理论和技术体系，发展成为一门独立的学科。

主要包括：建筑供配电技术，建筑设备电气控制技术，电气照明技术，防雷、接地与电气安全技术，现代建筑电气自动化技术，现代建筑信息及传输技术等。

本章将通过案例“厚生楼项目”来介绍电气专业在 Revit MEP 中建模的方法。

1. 案例介绍

本章选用“厚生楼项目”图纸，运行 CAD 软件，打开“厚生楼项目”CAD 图纸（如图 4-23 所示）。

2. 新建项目

运行 Revit MEP 软件，依次单击“应用程序菜单”→“打开”→“项目”，在弹出的“打开”对话框中，选择“电气系统模型 . rvt”，单击“打开”。

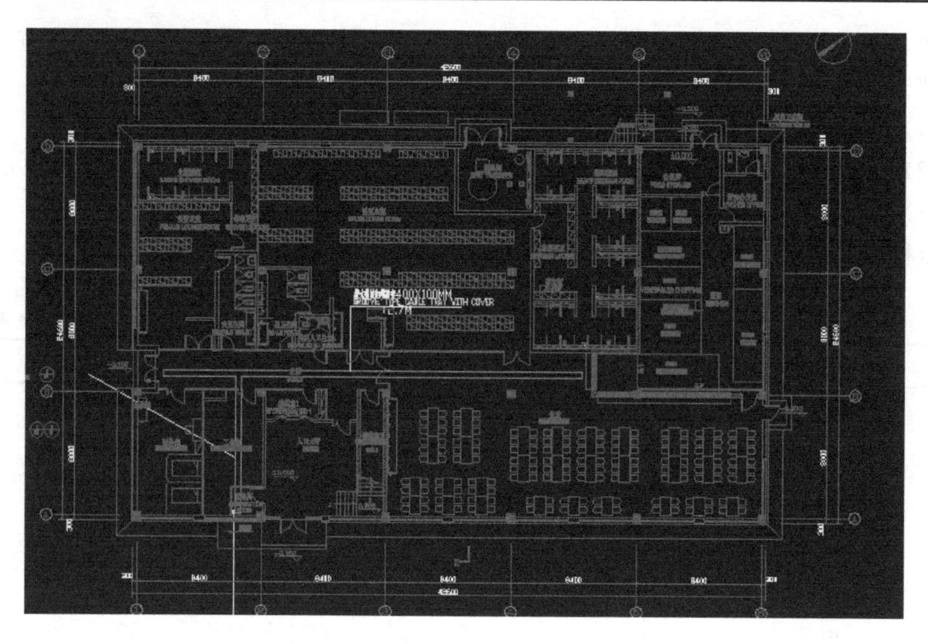

图 4-23

3. 链接 CAD 设计图纸

单击“插入”选项卡→“导入”面板→“导入 CAD”命令，选择打开本书中自带的“厚生楼项目”CAD 图纸。具体设置如下：

“图层”选择“可见”，“导入单位”选择“毫米”，“定位”选择“自动—原点对原点”，放置于选择“1F”。

完成设置后，单击“打开”，完成 CAD 图的导入（如图 4-24 所示）。

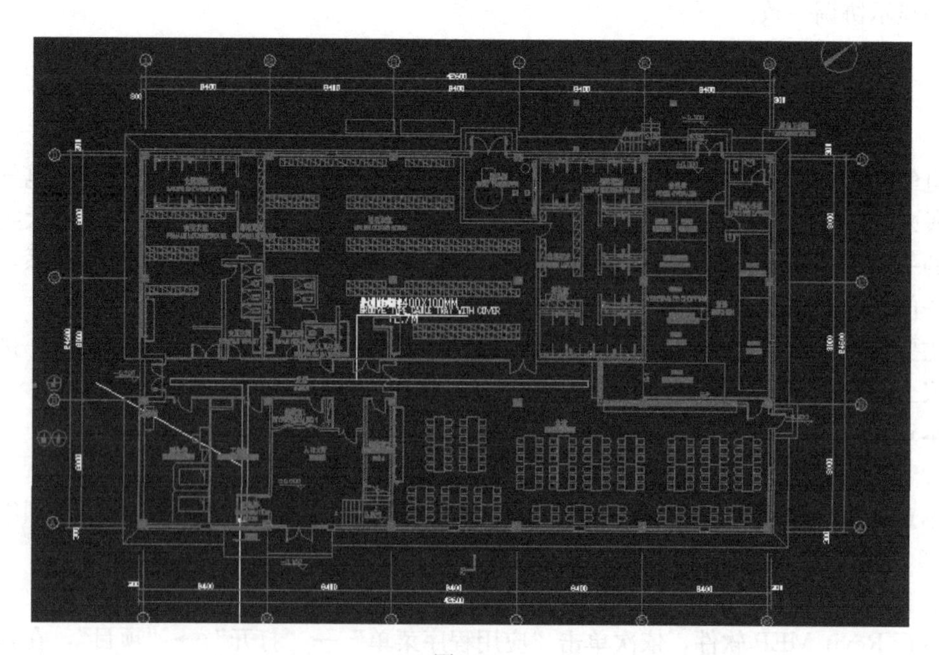

图 4-24

【提示】本案例包括多张 CAD 图纸，图纸的导入规则如上。

在项目浏览器中双击进入“楼层平面－1F”平面视图，在左侧属性栏中选择“可见性/图形替换”，在“可见性/图形替换”对话框中“注释类别”选项卡下，去掉选择“轴网”，然后单击确定。隐藏轴网的目的在于使绘图区域更加清晰，便于绘图，如图 4-25 所示。

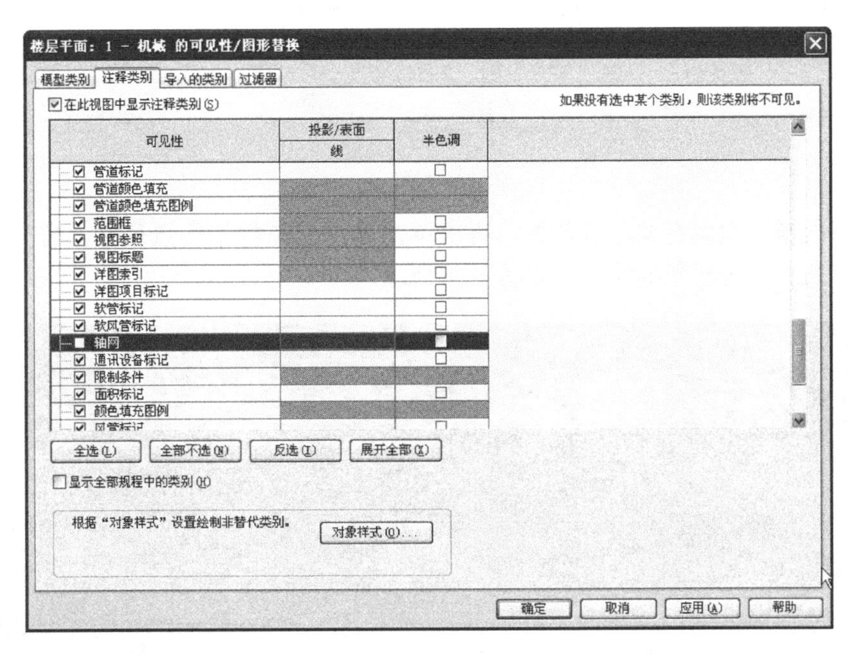

图 4-25

4. 电缆桥架的设置

单击“系统”选项卡→“电气”面板→“电缆桥架”命令，选择带配件的槽式电缆桥架。

(1) 绘制桥架：绘制如图 4-26 所示的电缆桥架。

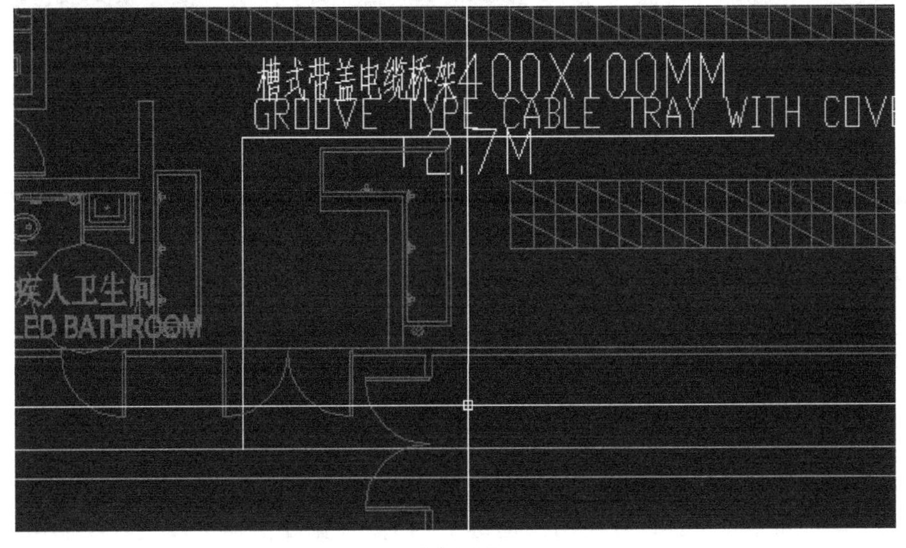

图 4-26

单击“系统”选项卡→“电气”面板→“电缆桥架”命令，或使用快捷键 CT，在“类型选择器”中选择“电缆桥架”，确定类型（如图 4-27 所示）。

在选项栏中修改风管的尺寸宽为 400，高为 100，标高为 2700。

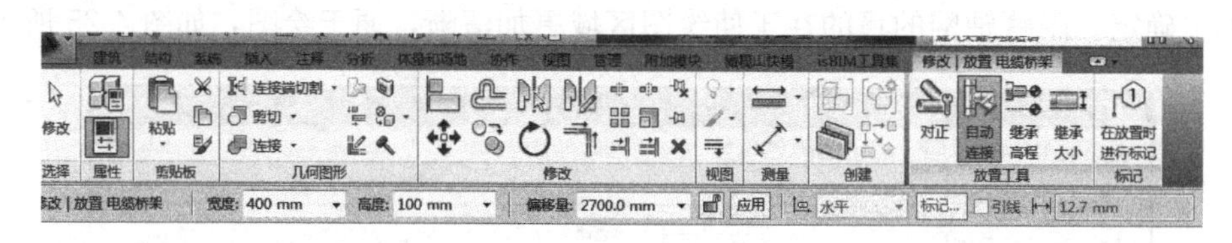

图 4-27

左键单击确定电缆桥架起点位置，再次单击确定电缆桥架终点位置，弯头处自动生成。此时，完成电缆桥架的绘制（如图 4-28 所示）。

图 4-28

（2）对齐电缆桥架

修改“视图控制栏”中的详细程度为“精细”，“模型图形样式”为“线框”1 : 100。单击“修改”上下文选项卡下“编辑”面板中“对齐”工具，使电缆桥架的中心线与 CAD 图纸中电缆桥架的中心线对齐（如图 4-29 所示）。

5. 电缆桥架三通、四通、弯头的绘制

（1）电缆桥架弯头的绘制

绘制状态下，在弯头处直接改变方向，在改变方向的地方会自动生成弯头（如图 4-30 所示）。

（2）电缆桥架三通的绘制

单击“电缆桥架”工具，或使用快捷键 CT，输入宽度值与高度值，绘制电缆桥架，把鼠标移动到桥架合适位置的中心处，单击确认支管起点，再次单击确认支管的终点，在主管与支管的连接处会自动生成三通。先在支管终点单击，再拖拽光标至与之交叉的管道的中心线处，单击鼠标左键也可生成三通（如图 4-31 所示）。

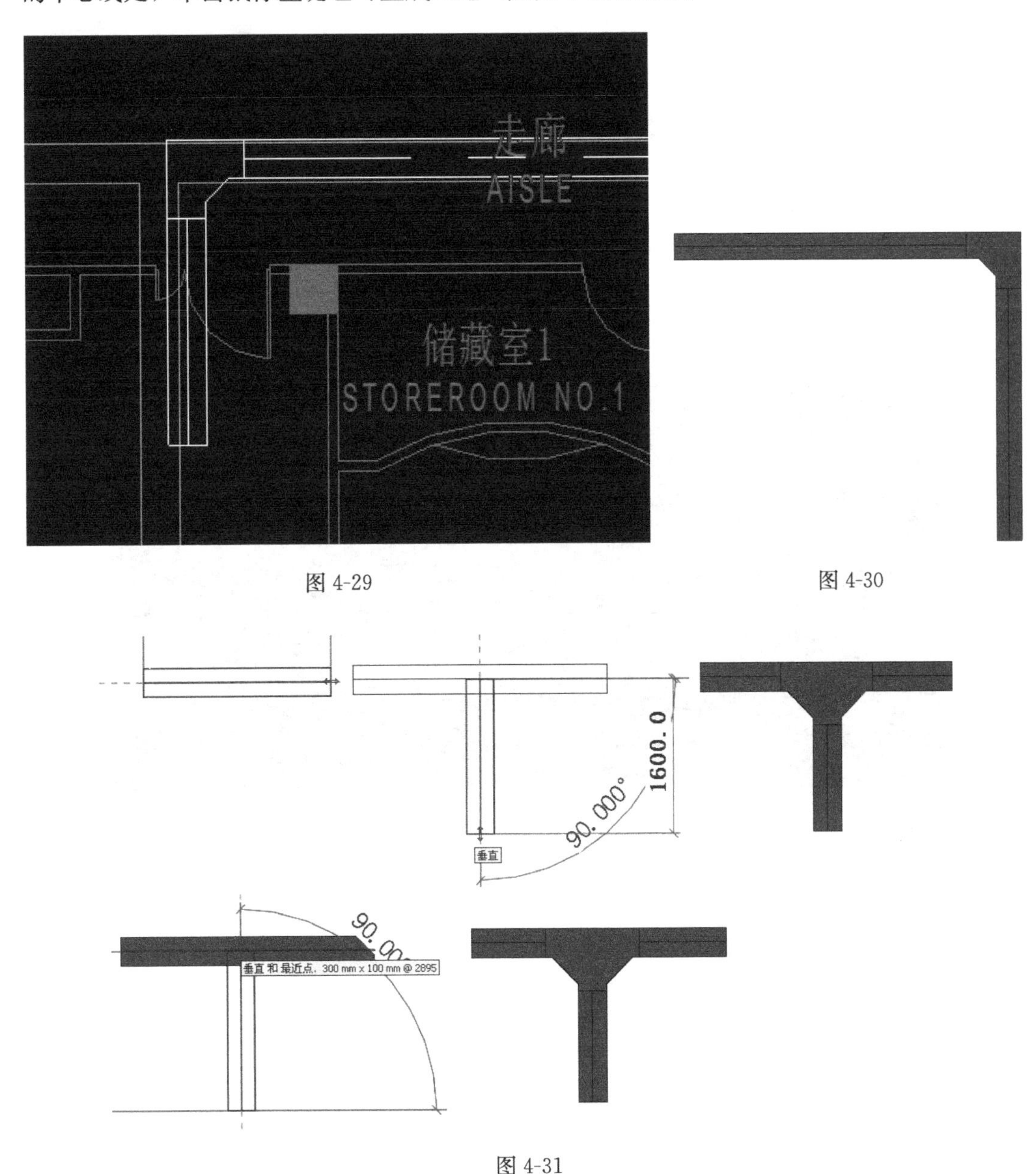

图 4-29

图 4-30

图 4-31

（3）电缆桥架四通的绘制

先绘制一根电缆桥架，再绘制与之相交叉的另一根，两根水管的标高一致，第二根电缆桥架横贯第一根，可以自动生成四通（如图 4-32 所示）。

6. 完成案例绘制

按上述绘制方法绘制完成后如图 4-33 所示。

小结：通过本章的学习和实例的操作，可掌握相关电气系统的绘制及系统创建的基本方法。大家可根据掌握的绘图方法在实际项目中进行三维设计，弱电及自动化控制系统的绘制仍可按照上面介绍的方法进行绘制。

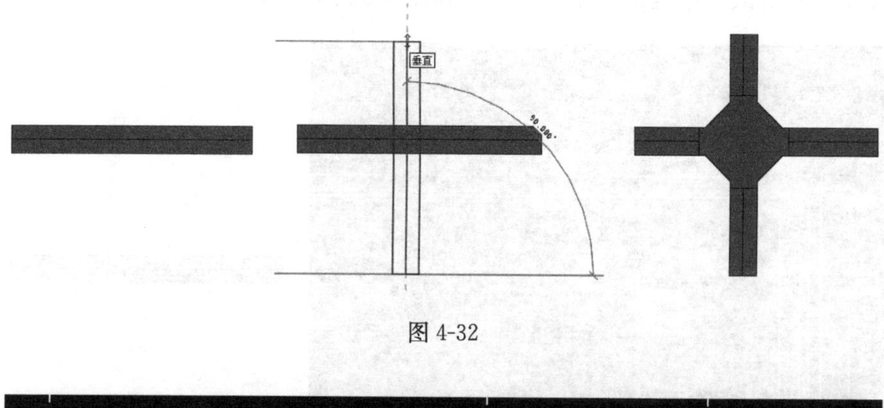

图 4-32

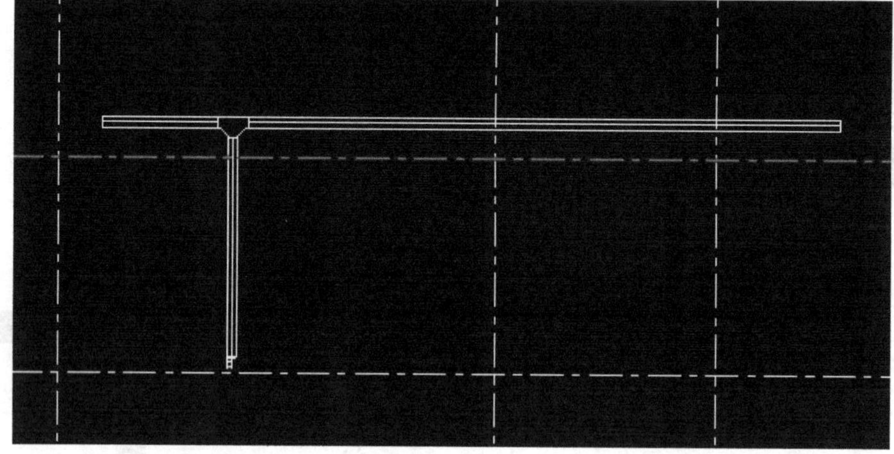

图 4-33

第 5 章　工程量统计

工程量统计是通过明细表功能来实现的，明细表是 Revit MEP 软件的重要组成部分。通过定制明细表，用户可以从所创建的 Revit MEP 模型（建筑信息模型）中获取项目应用中所需要的各类项目信息，应用表格的形式直观的表达。

5.1　创建实例明细表

（1）单击“分析”选项卡下“创建”面板中“明细表/数量”命令，选择要统计的构件类别，例如管道，设置明细表名称，给明细表应用阶段，确定，如图 5-1 所示。

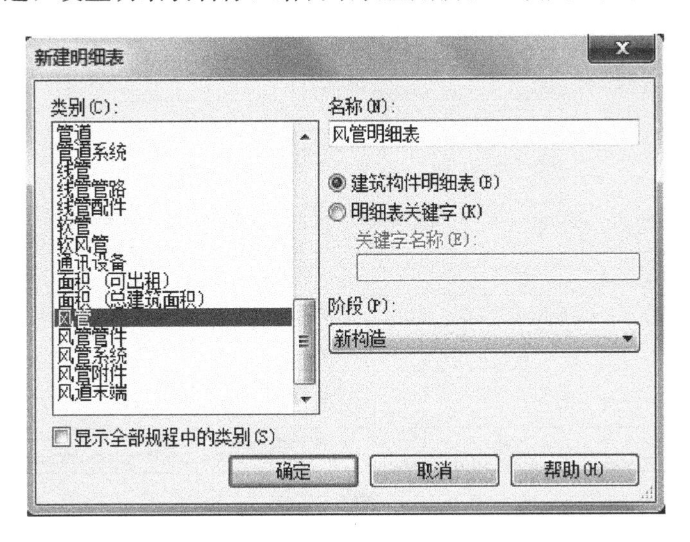

图 5-1

（2）“字段”选项卡：从“可用字段”列表中选择要统计的字段，如材质、直径、类别、隔热层厚度、长度。点“添加”移动到“明细表字段”列表中，“上移”、“下移”调整字段顺序，如图 5-2 所示。

（3）“过滤器”选项卡：设置过滤器可以统计其中部分构件，不设置则统计全部构件。在这里不设过滤器，如图 5-3 所示。

（4）“排序/成组”选项卡：设置排序方式，可供选择的有“总计”、“逐项列举每个实例”。勾选“总计”在下拉菜单中有四种总计的方式。勾选“逐项列举每个实例”则在明细表中列出统计每一项，如图 5-4 所示。

（5）“格式”选项卡：设置字段在表格中的标题名称（字段和标题名称可以不同，如“类型”可修改为窗编号）、方向、对齐方式，需要时勾选“计算总数”选项，则统计此项参数的总数，如图 5-5 所示。

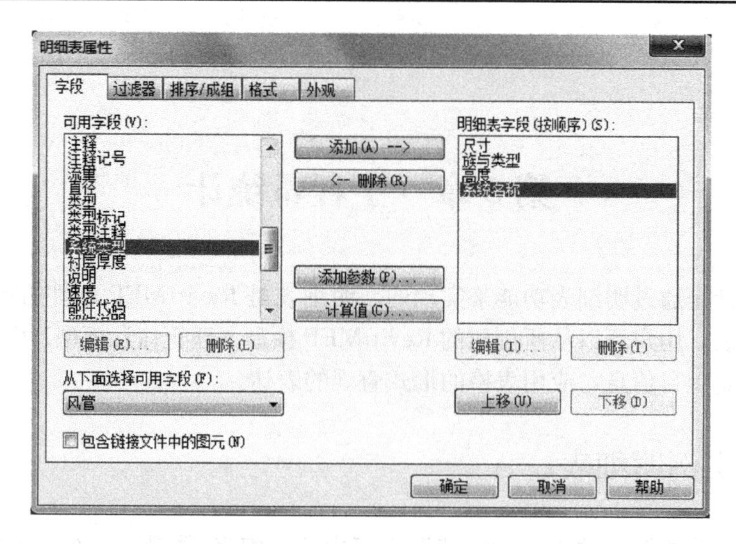
明细表属性
字段
过滤器
排序/成组
格式
外观
可用字段(V):
注释
注释记号
流量
直径
类型
类型标记
类型注释
系统类型
衬层厚度
说明
速度
部件代码
添加(A) -->
<-- 删除(R)
添加参数(P)...
计算值(C)...
明细表字段(按顺序)(S):
尺寸
族与类型
高度
系统名称
编辑(E)...
删除(L)
编辑(I)...
删除(T)
从下面选择可用字段(F):
风管
上移(U)
下移(D)
包含链接文件中的图元(N)
确定
取消
帮助

图 5-2

图 5-3

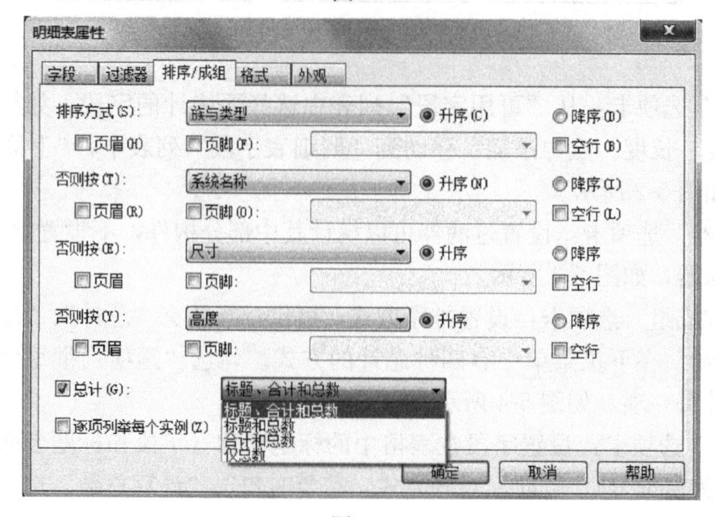
明细表属性
字段
过滤器
排序/成组
格式
外观
排序方式(S):
族与类型
升序(C)
降序(D)
页眉(H)
页脚(F):
空行(B)
否则按(T):
系统名称
升序(N)
降序(I)
页眉(R)
页脚(O):
空行(L)
否则按(E):
尺寸
升序
降序
页眉
页脚:
空行
否则按(Y):
高度
总计(G):
标题、合计和总数
标题和总数
合计和总数
仅总数
逐项列举每个实例(Z)
确定
取消
帮助

图 5-4

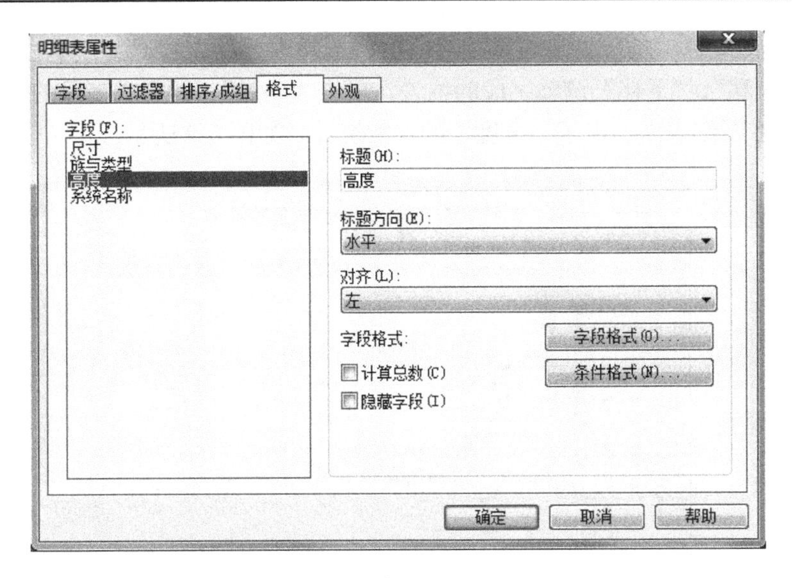

图 5-5

(6)“外观”选项卡：设置表格线宽、标题和正文文字字体与大小，确定，如图 5-6 所示。

风管明细表，如图 5-7 所示。

图 5-6

风管明细表			
族与类型	尺寸	系统名称	高度
圆形风管	250 mmø	机械 排风 3	
圆形风管	250 mmø	机械 送风 1	
圆形风管	250 mmø	机械 送风 2	
圆形风管	150 mmø	机械 送风 3	
圆形风管	200 mmø	机械 送风 4	
圆形风管	250 mmø	机械 送风 5	
圆形风管	250 mmø	机械 送风 6	
圆形风管	250 mmø	机械 送风 7	
圆形风管	150 mmø	机械 送风 1	
圆形风管	200 mmø	机械 送风 1	
圆形风管	250 mmø	机械 送风 1	
圆形风管	200 mmø	机械 送风 1	
圆形风管	250 mmø	机械 送风 1	
圆形风管	200 mmø	机械 送风 1	
矩形风管	600 mmx300	机械 排风 1	300 mm
矩形风管	400 mmx300	机械 排风 3	300 mm
矩形风管	250 mmx200	机械 排风 9	200 mm
矩形风管	320 mmx200	机械 排风 9	200 mm
矩形风管	400 mmx200	机械 排风 9	200 mm
矩形风管	500 mmx300	机械 排风 9	300 mm
矩形风管	500 mmx300	机械 送风 1	300 mm
矩形风管	600 mmx300	机械 送风 1	300 mm
矩形风管	1000 mmx32	机械 送风 8	320 mm
矩形风管	200 mmx100	机械 送风 9	100 mm
矩形风管	500 mmx200	机械 送风 9	200 mm
矩形风管	630 mmx320	机械 送风 9	320 mm
矩形风管	800 mmx320	机械 送风 9	320 mm
矩形风管	1000 mmx32	机械 送风 9	320 mm
矩形风管	200 mmx100	机械 送风 1	100 mm
矩形风管	200 mmx200	机械 送风 1	200 mm

图 5-7

5.2　编辑明细表

明细表需要添加新的字段来统计数据，可通过编辑明细表来实现。在左侧属性栏中单击字段后的编辑按钮，打开明细表属性对话框，选择需要的字段，如“宽度”，单击“添加”，单击“上移”、“下移”调整字段的位置，单击“确定”，即完成字段的添加，如图 5-8 所示。即可在明细表添加出了“宽度”的参数统计，如图 5-9 所示。

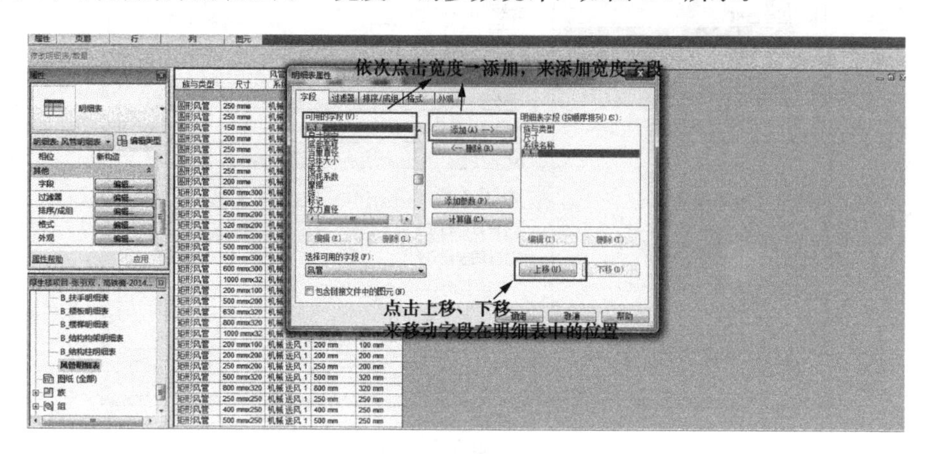

图 5-8

风管明细表				
族与类型	尺寸	系统名称	高度	宽度
圆形风管	250 mmø	机械送风 6		
圆形风管	250 mmø	机械送风 7		
圆形风管	150 mmø	机械送风 1		
圆形风管	200 mmø	机械送风 1		
圆形风管	250 mmø	机械送风 1		
圆形风管	200 mmø	机械送风 1		
圆形风管	250 mmø	机械送风 1		
圆形风管	200 mmø	机械送风 1		
矩形风管	600 mmx300	机械排风 1	300 mm	600 mm
矩形风管	400 mmx300	机械排风 3	300 mm	400 mm
矩形风管	250 mmx200	机械排风 9	200 mm	250 mm
矩形风管	320 mmx200	机械排风 9	200 mm	320 mm
矩形风管	400 mmx200	机械排风 9	200 mm	400 mm
矩形风管	500 mmx300	机械排风 9	300 mm	500 mm
矩形风管	500 mmx300	机械送风 1	300 mm	500 mm
矩形风管	600 mmx300	机械送风 1	300 mm	600 mm
矩形风管	1000 mmx32	机械送风 8	320 mm	1000 mm
矩形风管	200 mmx100	机械送风 9	100 mm	200 mm
矩形风管	500 mmx200	机械送风 9	200 mm	500 mm
矩形风管	630 mmx320	机械送风 9	320 mm	630 mm
矩形风管	800 mmx320	机械送风 9	320 mm	800 mm
矩形风管	1000 mmx32	机械送风 9	320 mm	1000 mm
矩形风管	200 mmx100	机械送风 1	100 mm	200 mm
矩形风管	200 mmx200	机械送风 1	200 mm	200 mm
矩形风管	250 mmx200	机械送风 1	200 mm	250 mm
矩形风管	500 mmx320	机械送风 1	320 mm	500 mm

宽度字段被添加

图 5-9

第6章　机电项目样板建立

6.1　项目浏览器建立

（1）添加项目参数：给视图添加参数（专业类型，子专业类型），如图 6-1 所示。

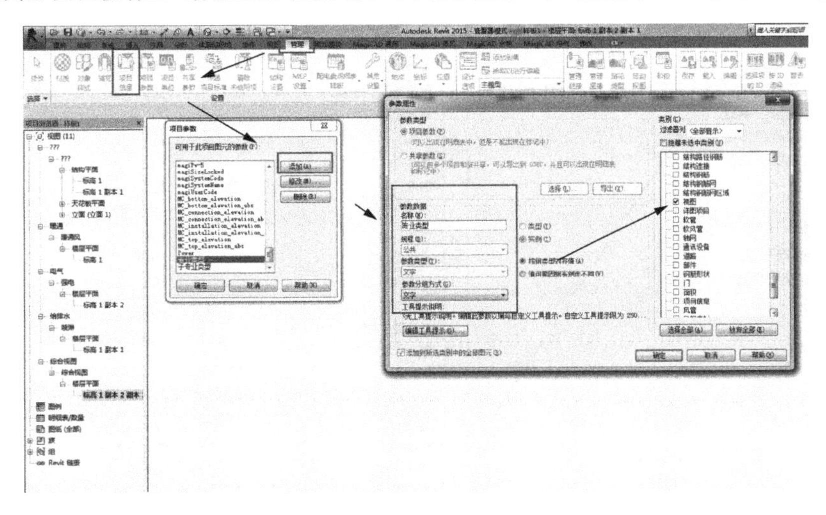

图 6-1

（2）浏览器组织：新建浏览器组织（专业类型），修改成组和排序：①专业类型；②子专业类型；③族与类型，如图 6-2 所示。

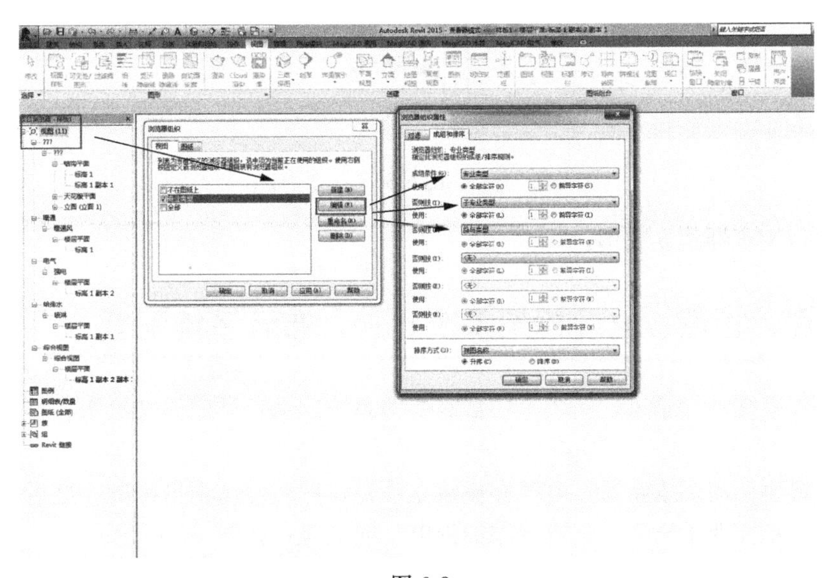

图 6-2

（3）根据楼层复制并命名视图（平面视图、立面、三维），在属性面板添加专业类型，子专业类型（如给水排水、喷淋专业，专业类型为给排水，子专业类型为喷淋）。暖通、电气同上，如图 6-3 所示。

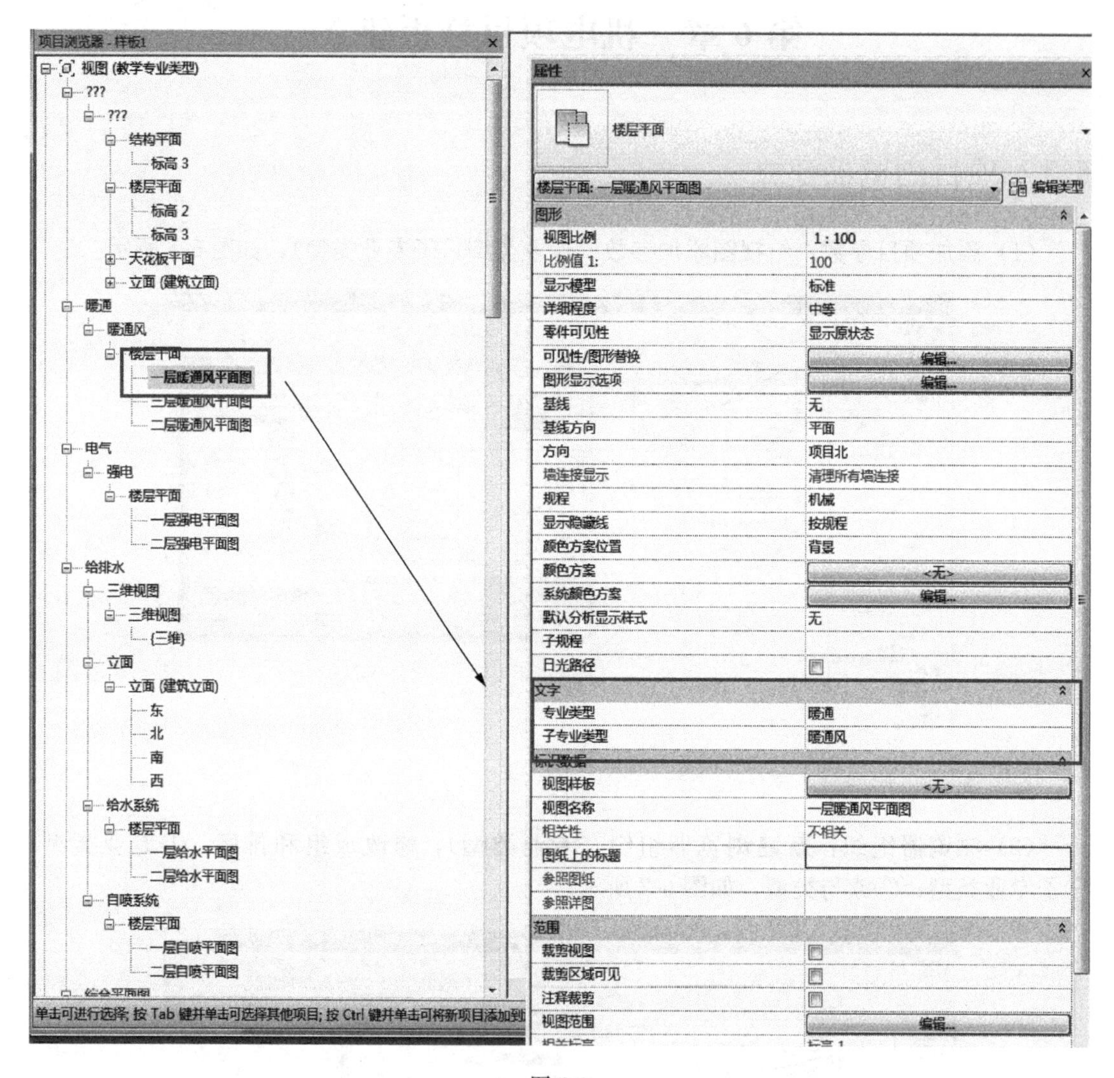

图 6-3

（4）项目浏览器建立完毕。

6.2 风管、管道、电缆桥架系统建立，布管系统配置

（1）风管系统添加送风，新风等项目需要的系统。水管类似添加给水、排水等系统如图 6-4 所示。

（2）电缆桥架需要重新通过电气样板建立项目，然后传递项目标准。之后为不同的配件添加名称。如需要给弯头，三通等添加强电、弱电等，如图 6-5 所示。

（3）布管系统配置完毕。

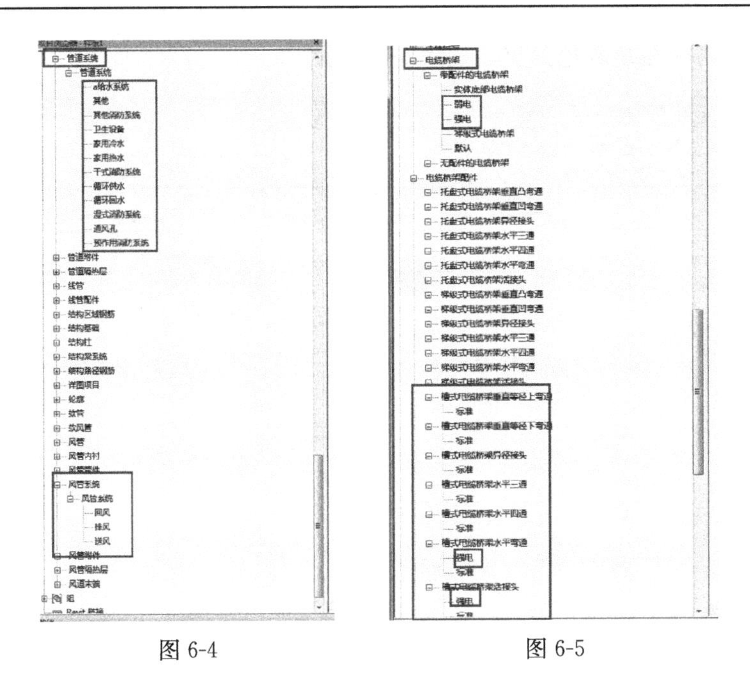

图 6-4　　　　　　　　　　　　图 6-5

6.3　过滤器、视图样板的建立

（1）建立综合视图，在综合视图中建立过滤器、过滤条件。风管、水管通过系统类型区分颜色。电缆桥架通过类型名称区分，如图 6-6 所示。

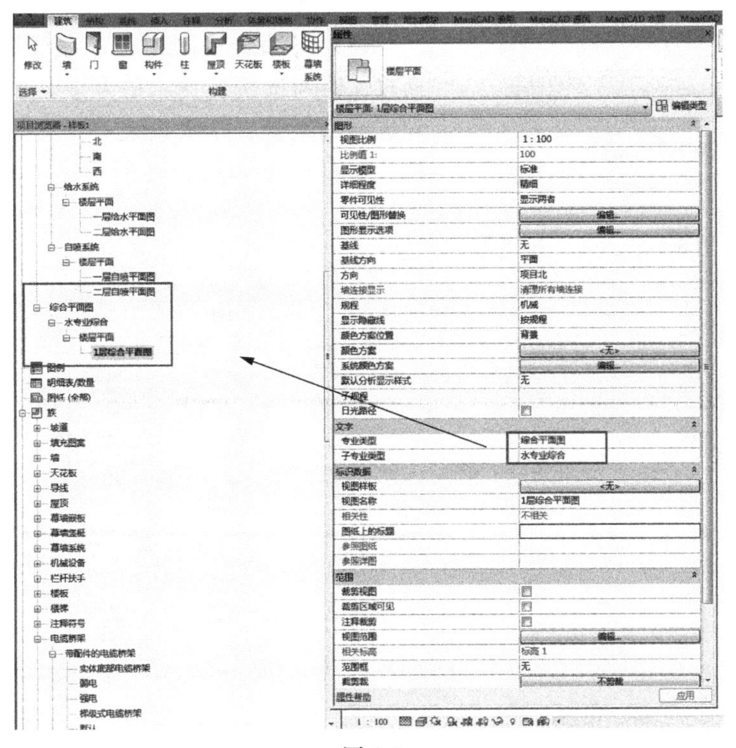

图 6-6

（2）过滤器各个系统颜色分类，如图 6-7 所示。

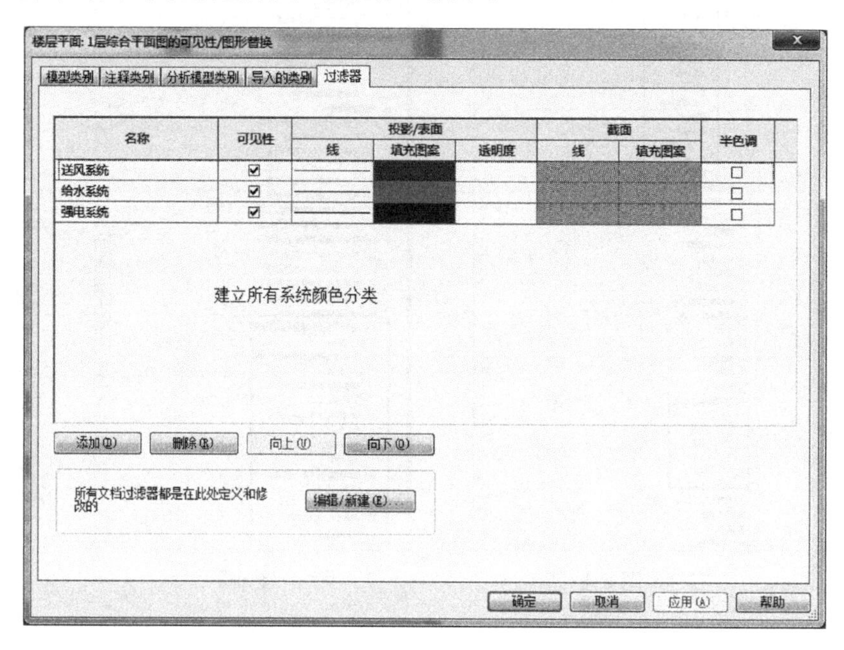

图 6-7

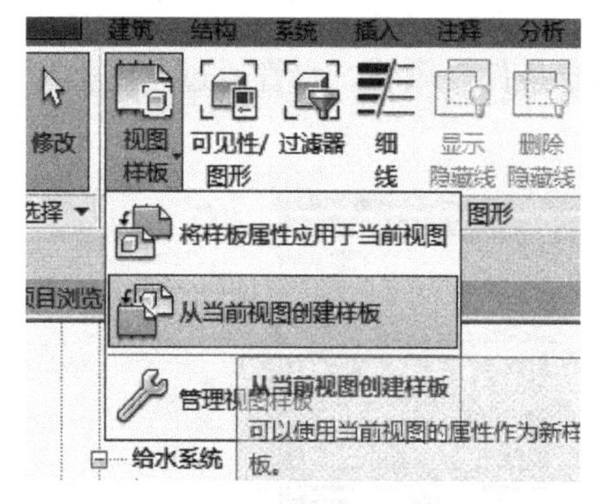

图 6-8

（3）在综合视图过滤器建立好之后，创建综合视图样板，如图 6-8 和图 6-9 所示。

（4）将综合视图样板应用于各个专业视图，通过滤器勾选所要显示的专业。如给水排水需要勾选给水系统、排水系统等，其他专业不需要勾选。如图 6-10 和图 6-11 所示。

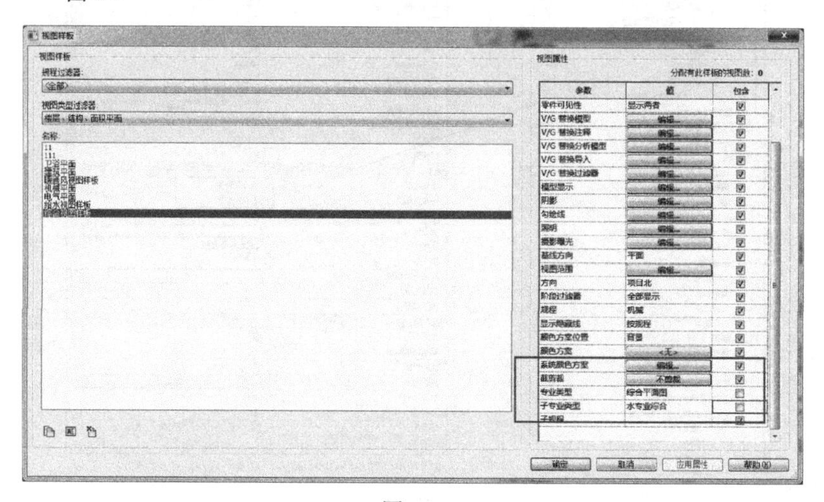

图 6-9

建筑
结构
系统
插入
注释
分析
体量和场地
协作
视图
修改
视图样板
可见性/图形
过滤器
细线
显示隐藏线
删除隐藏线
剖切面轮廓
渲染
Cloud 渲染
渲染库
选择
图形
将样板属性应用于当前视图
从当前视图创建样板
管理视图样板
将样板属性应用于当前视图
将存储在视图样板中的特性应用至当前视图。
按 F1 键获得更多帮助
项目浏览
给水系统
楼层平面
一层给水平面图
二层给水平面图
自喷系统
楼层平面
一层自喷平面图
二层自喷平面图
综合平面图
水专业综合
楼层平面

图 6-10

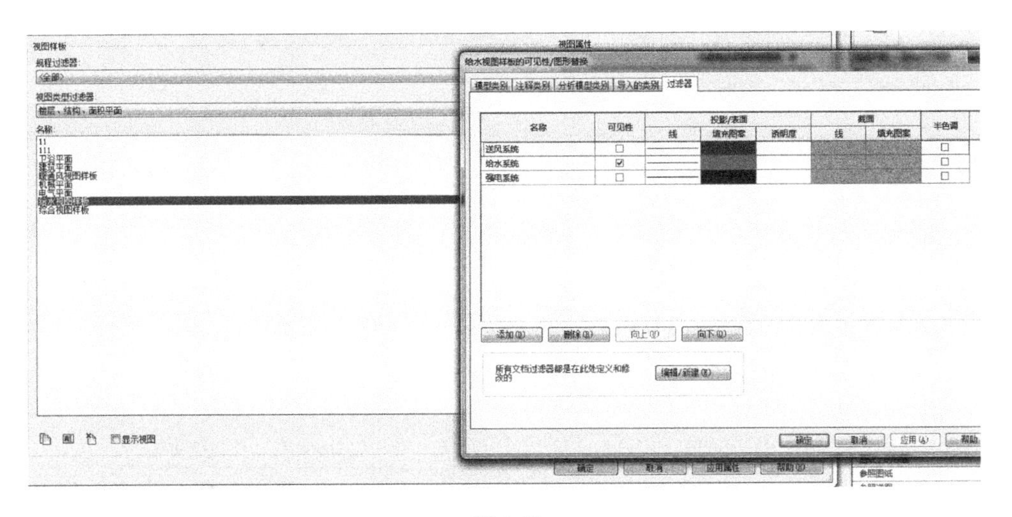

图 6-11